DÉPÔT LÉG.
DÉPARTᵗ DE L'R...
Nᵒ

Nouvelle Collection scientifique

Directeur : Émile Borel

L'Énergie

PAR

Le Prof. Dʳ W. OSTWALD

TRADUIT DE L'ALLEMAND

Par **E. PHILIPPI**, Licencié ès sciences.

FÉLIX ALCAN, ÉDITEUR

Pas de double

BIBLIOTHÈQUE NATIONALE · ESTAMPES · R.F.

L'Énergie

3309

FÉLIX ALCAN, ÉDITEUR

NOUVELLE COLLECTION SCIENTIFIQUE
Directeur : ÉMILE BOREL

Volumes in-16 à 3 fr. 50 l'un.

Éléments de philosophie biologique, par F. Le Dantec, chargé du cours de biologie générale à la Sorbonne. 2ᵉ édition, 1 vol. in-16. . . . . 3 fr. 50

La voix. *Sa culture physiologique. Théorie nouvelle de la phonation*, par le Dʳ P. Bonnier, laryngologiste de la clinique médicale de l'Hôtel-Dieu. 2ᵉ édition. 1 vol. in-16. . . . . 3 fr. 50

De la méthode dans les sciences :
    1. *Avant-propos*, par M. P.-F. Thomas, docteur ès lettres, prof. de philosophie au lycée Hoche. — 2. *De la Science*, par M. Émile Picard, de l'Institut. — 3. *Mathématiques pures*, par M. P. Tannery, de l'Institut. — 4. *Mathématiques appliquées*, par M. Painlevé, de l'Institut. — 5. *Physique générale*, par M. Bouasse, professeur à la Faculté des Sciences de Toulouse. — 6. *Chimie*, par M. Job, professeur au Conservatoire des Arts et Métiers. — 7. *Morphologie générale*, par M. Giard, de l'Institut. — 8. *Physiologie*, par M. Le Dantec, chargé de cours à la Sorbonne. — 9. *Sciences médicales*, par M. Pierre Delbet, professeur à la Faculté de Médecine de Paris. — 10. *Psychologie*, par M. Th. Ribot, de l'Institut. — 11. *Sciences sociales*, par M. Durkheim, professeur à la Sorbonne. — 12. *Morale*, par M. Lévy-Bruhl, professeur à la Sorbonne. — 13. *Histoire*, par M. G. Monod, de l'Institut. 2ᵉ édit., 1 vol. in-16 . 3 fr. 50

L'éducation dans la famille. *Les Péchés des parents*, par P.-F. Thomas, professeur au lycée de Versailles. 2ᵉ édit. 1 vol. in-16. 3 fr. 50

La Crise du transformisme, par F. Le Dantec. 1 volume in-16. . . . . 3 fr. 50

L'Énergie, par le Prof. Dʳ W. Ostwald. Traduit de l'allemand par *E. Philippi*, licencié ès sciences, 1 volume in-16. . . . . 3 fr. 50

L'Énergie

PAR

Le Prof. Dr W. OSTWALD

TRADUIT DE L'ALLEMAND

Par E. PHILIPPI, Licencié ès sciences.

FÉLIX ALCAN, ÉDITEUR

108, BOULEVARD SAINT-GERMAIN, PARIS

1910

Tous droits de reproduction réservés.

INTRODUCTION

Le but de ces pages est de faire connaître
l'histoire du développement et le contenu
d'un concept dont les commencements furent
aussi modestes que ceux du premier germe
que porta la terre lorsque sa température eut
suffisamment baissé pour être compatible
avec la vie. Ce concept a pris des formes de
plus en plus variées et a su s'adapter peu à
peu aux faits les plus divers. Il a conquis un
désert après l'autre, et l'a peuplé de ses
enfants. Sa force vitale et sa capacité d'adap-
tation se sont montrées si grandes qu'aujour-
d'hui nous ne pouvons pas nous représenter
de région si aride, de hauteur où l'air soit si
raréfié que des formes de vie issues de lui ne
puissent y prospérer. Nous ne nous attendons
à rien de moins qu'à l'extension graduelle de
sa domination à tous les domaines, de la
science. Sans doute, sa domination ne sera
pas d'une nature telle qu'aucun autre concept

ne puisse trouver place à côté ou au-dessus de lui. Il y en a qui sont plus abstraits que lui, et, par suite, plus élevés, en un certain sens. Mais on n'en connaît pas qui soit en même temps aussi général et aussi apte à expliquer des faits particuliers, aussi compréhensif et aussi capable de conduire à des énoncés précis. On n'a jamais trouvé d'incarnation aussi vivante du savoir humain. On ne saurait citer de phénomène qui ne puisse y être rattaché. Parmi les nombreux concepts, tels que ceux de nombre, de temps, d'espace, etc.. que nous nous sommes formés en vue de nous faire une théorie de notre monde, aucun ne permet d'exprimer autant de choses relatives au contenu de ce monde, d'exprimer de pareilles choses avec autant de précision ni de les relier aussi bien entre elles.

Ce concept, c'est celui d'*énergie*.

Pour comprendre ce qu'on désigne ici par énergie, le lecteur auquel la terminologie de la physique n'est pas familière devra commencer par s'affranchir d'une partie des idées que, dans la vie ordinaire, on a coutume d'associer avec ce mot. Habituellement on entend par là le développement marqué d'une certaine qualité morale. Un homme énergique est celui qui d'abord sait exactement ce qu'il veut, et qui ensuite exécute ses projets même lorsqu'ils sont contrariés par toute sorte d'obstacles. De cette qualité, on vient de le faire comprendre, dépend toute action. Cette notion, transportée du domaine moral dans le domaine physique, permettra au profane de saisir ce que signifie ici le mot d'énergie. Il se produit dans la nature inanimée toute espèce de changements, et ces changements, nous les rapportons tous à des actions déterminées. Que la tempête soulève la mer et renverse les arbres, que les rayons du soleil échauffent notre corps et fassent prospérer des plantes innombrables, que nous volions à travers la campagne sur une bicyclette ou dans une automobile, et que, le soir, nous allumions la lampe qui éclairera notre travail, il n'est aucun de ces processus que nous n'interprétions de la sorte. Nous attribuons la violence de la tempête à la *force vive* de l'air agité, force vive qui, distincte de la chaleur, provient de différents points de la surface de la terre. L'action bienfaisante du soleil, nous la rapportons à la *lumière* qu'il nous envoie. La cause du mouvement de notre bicyclette et de notre automobile, nous la voyons dans le *travail chimique* que contiennent nos muscles ou la benzine de notre moteur. L'éclat de notre lampe, nous le considérons comme dû à la transformation en lumière soit de *travail chimique*, soit de travail *électrique*, suivant que nous alimentons notre lampe avec du gaz ou avec de l'électricité. Ces phénomènes sont extrèmement dissemblables, mais, quand le physicien veut s'exprimer à leur sujet et au sujet de leurs causes et de leurs lois de la façon la plus générale possible, il dit : il y a là transformation de différentes espèces d'*énergie* les unes en les autres. Ce qui agit dans la tempête, c'est de l'énergie cinétique, ou énergie de mouvement, et ce que le soleil nous envoie, c'est de l'énergie rayonnante. Les processus chimiques, qui présentent une variété si étonnante, sont tous dus à la mise en œuvre d'énergie chimique, et, si la lampe électrique nous envoie ses rayons, c'est parce que de l'énergie électrique, produite dans l'usine centrale, se transforme en énergie rayonnante dans le fil de charbon de l'ampoule. C'est là l'expression exacte, l'expression scientifique de tous ces phénomènes, et ces quelques exemples suffisent à nous montrer que rien ne semble pouvoir se produire à quoi l'énergie ne prenne part.

C'est précisément là l'impression que je

voulais faire naître chez le lecteur, parce qu'elle correspond parfaitement à la réalité : rien, en effet, ne peut se produire sans que l'énergie y joue un rôle, de même que rien ne peut se produire qui n'ait sa place dans le temps et dans l'espace. Mais, tandis qu'on peut se représenter le temps et l'espace comme au moins partiellement vides et dépourvus d'événements, on ne peut (surtout lorsqu'on est adonné aux sciences physiques et naturelles), on ne peut imaginer aucun événement auquel l'énergie n'ait sa part. L'énergie est donc un élément essentiel de toutes les choses réelles, c'est-à-dire concrètes ; aussi peut-on dire que *c'est dans l'énergie que s'incarne le réel.*

L'énergie est le réel dans un double sens. D'abord elle est le réel en ce qu'elle est *ce qui agit* ; quel que soit l'événement considéré, c'est indiquer sa cause que d'indiquer les énergies qui y prennent part. Ensuite elle est le réel en ce qu'elle permet d'indiquer le *contenu* de l'événement. Elle constitue un pôle immobile dans la mobilité des phénomènes, et, en même temps, la force d'impulsion qui fait tourner le monde des phénomènes autour de ce pôle. Si un poète, après avoir cherché quelles sont les plus grandes idées sur lesquelles méditent aujourd'hui les hommes, se plaignait qu'il n'y en eût plus pour les conduire à embrasser de vastes ensembles, je lui signalerais le concept d'énergie, le plus grandiose de ceux qui se sont fait jour au siècle dernier ; s'il savait chanter l'énergie en accents dignes du sujet, il ferait une épopée que l'on pourrait regarder à bon droit comme celle de l'humanité.

Mais un poète ne voudra sans doute pas entreprendre pareille œuvre avant d'être sûr de trouver des auditeurs et des lecteurs capables de la comprendre ; or ceux-ci ne sont encore qu'en nombre infime. Bien que deux générations aient grandi depuis que le concept d'énergie a été exprimé pour la première fois, il s'en faut de beaucoup qu'il fasse partie du trésor intellectuel de tous les hommes cultivés. Il y a quelques années, un homme bienfaisant, dont l'esprit a autant d'étendue que de profondeur [1], donna les sommes nécessaires pour construire et installer magnifiquement un institut destiné à des recherches qui s'imposent aujourd'hui avec une grande force, à des recherches relatives aux phénomènes *sociaux* ; or, en même

---

1. Ernest Solvay, de Bruxelles.

temps, il fit un don plus précieux encore, celui d'une idée, dont l'étude approfondie constituera le fonds intellectuel de cet institut jusque dans le plus lointain avenir. Cette idée, c'est d'appliquer la science de l'énergie ou énergétique aux phénomènes sociaux. Il pense avec raison que ce n'est qu'au moyen de l'énergétique que l'on pourra parvenir à une conception et à un classement scientifiques de ces phénomènes d'une complication si grande. On aurait pu croire que cette idée exciterait immédiatement et partout l'attention à laquelle elle a droit ; mais, tout au contraire, elle semble avoir été à peine comprise jusqu'à présent, et l'on ne trouve guère de marques de son influence en dehors du cercle des collaborateurs de E. Solvay. C'est ainsi que les choses se passent bien souvent. Nombreux sont les cas où la semence, comme celles de certaines plantes nobles, doit rester enfouie, sans changements apparents, pendant des années, et où, les forces vitales emmagasinées se frayant soudain une issue, un produit magnifique se développe en un temps fabuleusement court.

Préparer le terrain pour ce développement, autant que me le permettent mes forces et mes moyens, est depuis de nombreuses années l'objet principal de mes efforts comme chercheur, professeur et écrivain. Le présent essai vise le même but. M'adressant aux personnes cultivées, je chercherai à leur montrer, en empruntant constamment des exemples à l'expérience journalière, comment l'énergétique permet de ramener à un point de vue unique les manifestations les plus diverses du savoir et du pouvoir humains, comment elle donne le moyen non seulement de comprendre le passé, et de juger du présent, mais encore de déterminer l'avenir. La tâche qui est devant moi est lourde, et les connaissances et les forces dont je dispose pour l'accomplir sont modestes. Mais, quand on s'est proposé une tâche, il faut l'exécuter. Et d'ailleurs, quel cri de guerre pourrait être plus propre à remplir d'un nouveau courage le combattant qui faiblirait, que ce mot : *énergie ?*

Mettons-nous donc courageusement à l'œuvre. Nous n'allons pas encombrer dès l'abord notre route de définitions ; d'ailleurs, de pareilles définitions, qui précéderaient l'exposé des considérations particulières, ne sauraient contenir grand'chose. Nous jugeons préférable d'étudier le concept d'énergie à partir de son origine. Nous constaterons qu'il est d'abord, pour ainsi dire, tombé du ciel sous la forme d'une pluie répandue partout, qu'ensuite il s'est constitué en un mince ruisseau; que, dans la suite des siècles, ce ruisseau a grossi en recevant dans son lit un affluent après l'autre; que, renversant les rochers qui lui faisaient obstacle, il a pénétré, pour les féconder, dans des pays de plus en plus nombreux, séparant les peuples et pourtant les unissant, et que, devenu enfin un fleuve puissant, il se jette maintenant dans l'océan du savoir humain, savoir à la formation duquel il a tant contribué. En procédant de la sorte, nous apprendrons mieux à connaître ce fleuve que si, à quelque endroit de son cours, nous en dessinions la coupe exacte et notions le volume de ses eaux, leur vitesse et toute autre grandeur pouvant concourir à déterminer un fleuve. Que le lecteur veuille donc se confier pour quelques heures à son guide. Si celui-ci ne peut pas lui montrer tout ce qui mérite d'être vu, il le conduira du moins par des chemins d'où l'on peut admirer de beaux points de vue, chemins qu'il a suivis lui-même bien des fois et toujours avec plaisir. Ce n'est, d'ailleurs, pas un monde étranger que celui où il le fera entrer; c'est notre monde à nous, un monde auquel nous unissent mille liens divers. Mais, à la lumière du concept d'énergie, ce monde, au lieu d'apparaître au lecteur comme une collection de choses juxtaposées, lui apparaîtra comme un tout dont les parties sont unies organiquement entre elles et se prêtent un mutuel appui. L'avantage d'acquérir cette vue nouvelle des choses ne lui semblera peut-être pas acheté trop cher au prix d'une promenade de quelques heures.

L'ÉNERGIE

CHAPITRE PREMIER

L'ÉNERGÉTIQUE DANS L'ANTIQUITÉ

1. — Comme celle de toutes les grandes idées,
on peut commencer à tracer l'histoire de l'énergétique à partir d'une époque plus ou moins
lointaine choisie, dans une certaine mesure, arbitrairement. L'énergie était déjà connue, par certains côtés de sa nature, dans des temps très
reculés ; il est vrai que le nombre des phénomènes auxquels on avait découvert qu'elle pre-
nait part était très restreint. Au cours des siècles,
le concept en question s'est développé, d'abord
avec la plus grande lenteur, puis de plus en plus
vite, et l'on a constaté successivement que les
différents domaines de la réalité sont soumis à
l'énergie. Ce n'est qu'en 1842 qu'une conception
générale et nette de l'énergie s'est fait jour ; on
pourrait donc, si l'on aime à diviser exactement
l'histoire en périodes, ne pas remonter plus loin
que cette date dans l'historique de la doctrine de
l'énergie ou énergétique. Mais il importe de
faire remarquer que les premiers germes de la

notion d'énergie et les premières affirmations des principes qu'elle implique se trouvent chez les mathématiciens et les naturalistes grecs, et surtout qu'à l'époque de la renaissance des sciences physiques et naturelles, c'est-à-dire au XVIIe et au XVIIIe siècle, elle joue déjà un rôle très important dans les spéculations scientifiques. Il n'y a encore là, il est vrai, que des tâtonnements à peine conscients, que des ébauches extrêmement imparfaites. Mais ensuite cette notion alla en se précisant jusqu'au moment où, à la fin du XVIIIe siècle, Lagrange, dans son *Traité de mécanique analytique*, en indiqua nettement la portée (en employant, toutefois, un autre mot que celui d'énergie). La loi proclamant l'*impossibilité de créer du travail mécanique*, loi mise en évidence par lui, devint la base générale de la mécanique, et servit à en édifier toutes les théories, en particulier la théorie des machines.

Pour bien saisir le sens de cette loi, il y a avantage à s'adresser aux machines les plus simples, les plus anciennement connues, telles que le levier, la poulie, le plan incliné. Lorsqu'on fait agir des causes de mouvement, c'est-à-dire des forces sur les parties mobiles de pareilles machines, il est des cas déterminés où les causes de mouvement, bien que présentes, restent sans effet. On dit alors qu'il y a *équilibre*. Ce mot d'équilibre a été employé d'abord dans le cas le plus simple, que nous allons traiter dans un instant, celui d'un levier dont les bras sont égaux et sur les deux extrémités duquel agissent des poids égaux (*æquus* = égal, *libra* = poids). On comprend sans peine que, quand il existe deux causes de mouvement d'une valeur absolument égale qui tendent à produire des mouvements opposés, ou qui le produiraient si elles pouvaient se manifester isolément, il ne peut y avoir aucun mouvement.

2. — Aristote est, autant que nous sachions, le premier qui essaya d'aller plus loin dans cette direction. Ce penseur, éminent à tous les égards, avait un esprit intuitif. Ce qui le montre bien, c'est que, parmi ses innombrables travaux, ce sont ses descriptions et ses exposés relatifs aux sciences physiques et naturelles qui ont le mieux résisté au temps ; beaucoup d'entre eux peuvent aujourd'hui encore servir de modèles. Par cette tendance de son esprit, il se distingue des autres chercheurs grecs. Ceux-ci, en effet, aimaient à se livrer à des constructions et à des spéculations dans des domaines choisis plus ou moins arbitrairement, ainsi qu'en témoigne l'importance de leurs travaux en mathématiques et en géométrie, et trouvaient gênante l'observation constante des phénomènes. De n'importe quels axiomes, c'est-à-dire de n'importe quelles propositions indémontrables parce qu'elles sont « évidentes par elles-mêmes », ils tiraient, apparemment par le raisonnement pur, des systèmes entiers de propositions scientifiques. Aristote est plutôt enclin à interroger la nature, et si les habitudes de ses compatriotes, dont, malgré tous ses efforts, il ne peut, comme il est naturel, éviter de subir

dans quelque mesure la contagion, lui jouent parfois un mauvais tour, sa pensée n'en est pas moins, dans son ensemble, beaucoup plus rapprochée de la pensée moderne que celle des autres savants grecs.

Comme on le sait, le moyen âge avait accordé aux ouvrages d'Aristote une estime excessive, et, pour que les sciences pussent se développer librement, on dut, au début des temps modernes, chercher à écarter la scolastique aristotélicienne. La lutte entreprise en vue de battre en brèche le respect exagéré des anciens se poursuit aujourd'hui encore dans quelques branches de connaissances, en particulier dans la philologie et la jurisprudence ; mais, dans les mathématiques et dans les sciences physiques et naturelles, elle est terminée, en ce qui concerne les choses importantes, depuis trois ou quatre siècles déjà ; c'est tout au plus si, pour certaines questions, il y a encore des retardataires. Par suite de ce combat nécessaire, qui fut dirigé bien plus contre les exagérations des scolastiques que contre les doctrines de l'antiquité, on déprécia involontairement ce qu'il y avait d'important dans les travaux des anciens. Il ne pouvait pas en être autrement ; tant que le plus grand nombre regarda et représenta ces travaux comme ayant une valeur absolue, indépendante de toute considération historique, il était nécessaire de critiquer sévèrement leurs erreurs et leurs imperfections. Ce qui convient aujourd'hui, au contraire, c'est de faire ressortir leurs mérites.

Aristote étudie l'équilibre de la balance et celui du levier. Il admet comme évident par soi-même qu'un levier dont les deux bras sont absolument identiques doit être en équilibre. De plus, il entrevoit le principe que le levier est aussi en équilibre quand, les poids que portent ses deux bras étant inégaux, ces poids sont inversement proportionnels aux longueurs des bras. Pou tirer de là un principe plus général, il imagine le levier en mouvement ; il remarque alors que, pour des raisons géométriques, les *vitesses* avec lesquelles les deux poids se meuvent, c'est-à-dire les *chemins* parcourus dans des temps égaux, sont inversement proportionnelles à ces poids, c'est-à-dire aux forces. De là il tire la conclusion générale que les actions de forces différentes sont équivalentes quand les vitesses produites sont inversement proportionnelles à ces forces.

3. — Ces considérations contiennent les germes de deux développements opposés. L'un de ces développements est bien connu ; il conduit immédiatement aux recherches de Galilée sur la chute libre, et il a abouti à la constatation que la proposition d'Aristote d'après laquelle les forces sont mesurées par les vitesses produites mène, si on l'interprète de la façon qui s'offre tout d'abord à l'esprit, à des résultats démentis par l'expérience. L'autre développement a pour point de départ une autre interprétation de cette proposition, interprétation qui s'accorde avec les faits. Il a conduit à un principe qui a pris successivement, à mesure qu'il s'est précisé,

plusieurs noms différents. S'inspirant directement des idées d'Aristote, on l'a appelé le principe des *vitesses virtuelles*. Plus tard, on reconnut que l'emploi du mot *vitesse* ne convenait pas ici, car peu importe, au point de vue de l'équilibre, que le mouvement que l'on suppose communiqué au levier chargé soit lent ou rapide. On désigna alors ce principe sous le nom de principe des *déplacements virtuels*. Mais on s'aperçut que cette expression n'était pas correcte non plus, que le déplacement n'était pas la seule grandeur à considérer, qu'il fallait en considérer deux, le déplacement éprouvé par le point d'application de la force et la grandeur de cette force. Lorsque, dans la suite, le nom de travail eut été généralement adopté pour désigner le produit de ces deux grandeurs, on appela le principe en question le principe des *travaux virtuels*, et c'est là sa dénomination définitive.

Expliquons brièvement comment il faut comprendre le mot *virtuel*. Le mouvement d'un levier chargé peut évidemment être aussi petit qu'on le veut. D'autre part, la nature de ce mouvement dépend de la construction particulière du levier considéré. Si, par exemple, un des bras du levier est deux fois plus long que l'autre, on ne peut obtenir qu'un mouvement tel que l'une des extrémités parcoure un chemin deux fois plus grand que l'autre. En aucun cas on ne peut mouvoir les extrémités indépendamment l'une de l'autre. Voici maintenant ce qu'est un mouvement virtuel : c'est un mouvement tel que ceux que comporte la machine, et supposé généralement, afin d'éviter des complications inutiles, aussi petit que possible.

Ce principe des travaux virtuels, qu'Aristote a découvert et auquel il a donné, comme nous l'avons vu, une forme très imparfaite, dit *qu'il y a équilibre dans une machine quand les travaux virtuels se compensent*, c'est-à-dire quand leur somme algébrique est nulle. Lorsque, en effet, les chemins sont inversement proportionnels aux forces correspondantes, les produits des chemins par les forces sont nécessairement égaux entre eux. Non seulement ce principe est devenu la base de toute la statique ou science de l'équilibre, *mais encore il représente la première source visible de la notion d'énergie*. Sans doute, il ne s'agit ici que d'une source et non pas du fleuve lui-même, et il a encore fallu un travail énorme, poursuivi pendant deux mille ans, pour que la source devînt un fleuve. Mais nous pouvons fort bien suivre le cours de ce fleuve à partir de ce point, que nous n'avons étudié si soigneusement que pour cette raison.

4. — L'autre grand représentant de la mécanique ancienne, Archimède, procède tout autrement, et d'une façon beaucoup plus « grecque ». Sa méthode consiste à s'efforcer de trouver et d'exprimer clairement un *axiome*, un principe fondamental évident par lui-même, dont il puisse faire dériver toute la mécanique, sans employer, en apparence, d'autres secours que ceux de la logique et des mathématiques. L'axiome qui lui

sert de point de départ est le même que celui dont est parti Aristote, à savoir qu'un levier dont les deux bras sont égaux et qui porte des poids égaux à ses extrémités reste nécessairement en équilibre. Mais, au lieu de traiter ce cas comme le plus simple qui puisse se présenter et d'établir ensuite de quelle façon les poids doivent changer, quand les longueurs des bras changent, pour que l'équilibre se rétablisse, il cherche à dériver de ce cas simple les cas plus compliqués. Il n'est évidemment pas possible de tirer d'un cas très simple donné des renseignements sur d'autres cas plus compliqués que l'on avait expressément exclus en exposant le cas simple ; il faut de toute nécessité recourir à d'autres matériaux encore, que ces matériaux soient des faits d'expérience ou des axiomes. Ce sont précisément ces matériaux qui intéressent la pensée moderne. Or Archimède met toute sa subtilité à si bien les cacher qu'il faut une subtilité pareille pour les découvrir. E. Mach y est arrivé, et, dans son ouvrage classique : « *Die Mechanik in ihrer Entwicklung* », il donne un exposé très clair de ses recherches à cet égard. Cet exposé, nous ne le reproduirons pas, car il n'est pas essentiel pour la compréhension de notre sujet principal.

Chose remarquable, le principe d'Aristote, bien qu'il prête à des malentendus et qu'en fait il ait été la source de nombreuses erreurs pour des esprits médiocres, s'est montré cependant beaucoup plus fécond que les propositions d'Archimède, si correctement énoncées qu'elles soient.

Néanmoins les travaux de l'éminent mathématicien qu'était Archimède conduisent également à des considérations importantes.

5. — Archimède tire son principe fondamental, celui de l'équilibre du levier symétrique, du principe de symétrie ; il s'appuie sur le fait que, dans un système symétrique, un processus unilatéral ne peut pas commencer de lui-même. En faisant usage du principe de *la raison suffisante*, formulé beaucoup plus tard par Leibniz, principe d'après lequel rien ne se passe dont on ne puisse donner une raison suffisante, on peut dire au sujet du cas dont il s'agit : dans un levier de structure absolument symétrique, il n'y a de raison suffisante ni pour une rotation vers la droite, ni pour une rotation vers la gauche ; ou bien : s'il existait une raison pour une rotation à droite, il en existerait aussi une pour une rotation à gauche, et cela parce qu'on a supposé que le levier est symétrique, c'est-à-dire qu'à chaque propriété possédée par un côté correspond pour l'autre côté une propriété pareille mais de sens contraire.

Sans doute, on ne pourra pas, en général, obtenir un levier d'une symétrie parfaite. En effet, le monde lui-même n'étant pas symétrique, on ne pourra jamais disposer un levier de telle façon que tout ce qui l'entoure du côté droit soit identique à tout ce qui l'entoure du côté gauche. Ici s'impose une remarque d'ordre général, dont l'importance se verra mieux encore dans la suite : la validité de principes déterminés ne dépend pas de toutes les circonstances présentes ; *quel que soit le phénomène considéré, il y a toujours un nombre extrêmement considérable de circonstances qui sont sans influence mesurable sur lui.* La découverte des circonstances qui n'influent pas sur un phénomène déterminé est tout aussi importante que la découverte de celles qui influent sur lui, bien que, la plupart du temps, on ne mentionne pas les premières. Ainsi, à la base de la proposition d'Archimède considérée ici est l'hypothèse qu'en dehors des poids et de la longueur des bras il n'existe aucun facteur qui influe sur l'équilibre du levier. Si l'on fait cette hypothèse, il est légitime de conclure de la symétrie à l'équilibre.

6. — Le premier qui contribua à développer le principe qu'Archimède avait pressenti plus qu'il ne l'avait trouvé, fut Galilée, le principal fondateur de la mécanique moderne. Galilée montra que, dans le plan incliné et dans les autres machines simples, il y a équilibre quand un mouvement communiqué aux poids et aux forces (ces dernières étant représentées par des masses pesantes) ne détermine ni l'élévation ni l'abaissement du centre de gravité de l'ensemble des masses mises en mouvement. Torricelli, élève de Galilée, fit en outre la remarque que, lorsqu'il y a équilibre, le centre de gravité se trouve *au point le plus bas* que la structure de la machine donnée lui permet d'occuper. Il est vrai qu'il y

a encore équilibre quand le centre de gravité occupe *le plus haut point* possible ; mais alors l'équilibre est *instable ;* nous pouvons sans inconvénient laisser ce cas en dehors de nos considérations.

Ce théorème de Torricelli sur le centre de gravité a joué pendant longtemps un rôle très important, bien qu'il ne s'applique qu'aux forces qui émanent de la pesanteur. Dès le XIII⁰ siècle apparaît et se précise lentement, dans l'école de Jordanus Nemorus, probablement sous l'influence des ouvrages d'Aristote, un principe plus général, un principe où cette restriction ne figure pas [1]. Léonard de Vinci contribua beaucoup à son établissement, auquel prirent également part Cardanus, Ubaldo, Bendetti et Galilée. René Descartes donne un principe de ce genre pour fondement à une statique qu'il établit en stricte conformité avec lui. Toutefois on n'en trouve pas d'énoncé clair avant Bernoulli. Voici cet énoncé, que nous extrayons d'une lettre écrite en 1717 par Bernoulli à Varignon. On remarquera qu'il a un caractère bien moderne même au point de vue de la terminologie. « En tout équilibre de forces quelconques, en quelque manière qu'elles soient appliquées et suivant quelques directions qu'elles agissent les unes sur les autres, ou médiatement ou immédiatement, la somme des énergies affirmatives sera égale à la somme des énergies négatives, prises affirmativement. » L'énergie est définie expressément comme le produit de la force

---

1. Duhem. *Origines de la statique*, Paris, 1905 et 1906.

par le chemin parcouru, celui-ci étant compté dans la direction de la force ; le chemin est appelé la vitesse virtuelle ; de là le non impropre donné au théorème lui-même[1].

7. — Par là se trouvait achevée dans ses grandes lignes cette partie de la mécanique théorique. A la fin du xviiiᵉ siècle, Lagrange, dans sa *Mécanique analytique*, lui donna une forme parfaite, sauf qu'il appela le principe en question le principe des *vitesses* virtuelles ; mais l'expression mathématique qu'il donna à ce principe contient, bien entendu, des travaux.

Ce qu'il y a de plus intéressant dans la démonstration que Lagrange donne de ce principe, c'est qu'il y fait appel à l'intuition, alors que, partout ailleurs, son ouvrage a un caractère strictement analytique. Il imagine que toutes les forces qui sont appliquées au système considéré ont été remplacées par des moufles disposées d'une façon convenable et sur lesquelles on a passé un long fil ; l'intensité de chaque force est exprimée par un nombre déterminé d'enroulements de ce fil sur un même nombre de poulies ; la direction de chaque force est naturellement la direction du fil au point considéré. Si l'on imagine qu'il s'effec-

1. Autant que me permet de l'affirmer ma connaissance de la littérature, c'est moi-même qui, il y a quinze ans, ai donné le nom qui lui convient à ce principe, élargi de façon à s'appliquer à tous les changements que peut subir l'énergie, et qui ai énoncé ce principe sous sa forme la plus générale. (Cf. *Ber. der Sächs. Ges. der Wiss.*, 1892.)

tue un mouvement virtuel, l'extrémité libre du fil, où agit l'unité de force (qui peut être un poids), décrira un mouvement dirigé soit vers le haut soit vers le bas, ou restera en repos. Si l'extrémité libre reste en repos, le système est en équilibre.

Si, au contraire, il n'y a pas équilibre, les seuls mouvements de la machine qui pourront se produire spontanément, c'est-à-dire en dehors de toute action extérieure, seront tels que l'extrémité du fil s'abaisse ou se meuve dans la direction de la force qui agit sur cette extrémité.

Lagrange estime qu'en ramenant ainsi le principe des travaux virtuels au fait qu'un poids ne se soulève pas spontanément, il a donné de ce principe une démonstration suffisante. Nous sommes tous d'accord avec lui. Pourquoi ? Parce que, si un poids pouvait se soulever spontanément, *du travail pourrait être créé* ex nihilo, parce que, en d'autres termes, *le mouvement perpétuel serait possible*. Or nous sommes convaincus qu'il est impossible. Je vais indiquer avec précision ce qui légitime cette conviction.

CHAPITRE II

LE MOUVEMENT PERPÉTUEL

Il y a dans l'histoire de la pensée humaine un certain nombre de problèmes qui ont été pendant longtemps l'objet de l'étude aussi vaine qu'acharnée de beaucoup de chercheurs, jusqu'au jour où il a été généralement reconnu que ces problèmes avaient la propriété d'être insolubles. Il ne s'agit pas ici des célèbres « énigmes de l'univers », mais de problèmes pratiques, qu'on pouvait très bien se représenter comme résolus. Un de ces problèmes était la quadrature du cercle ; il s'agissait de trouver par une construction géométrique le côté d'un carré ayant la même surface qu'un cercle d'un rayon donné. La véritable solution de ce problème ne consistait pas dans la découverte de cette construction, mais dans la démonstration mathématique qu'il est impossible d'exécuter une pareille construction avec la règle et le compas, parce qu'elle est en dehors du domaine des formes que l'on peut obtenir de cette façon. Il en est de même de la trisection d'un angle donné. S'il semblait à un observateur superficiel que la grande somme de temps et de travail qui a été consacrée à de vaines tentatives de résoudre des problèmes insolubles a été absolument perdue, son impression serait erronée. La démonstration expérimentale que ces problèmes ne pouvaient être résolus avec les moyens employés constitue, en réalité, un important progrès scientifique, car elle a préparé et provoqué une théorie générale d'une portée considérable.

L'utilité positive que peuvent avoir des résultats d'expérience négatifs s'aperçoit encore beaucoup plus aisément dans le cas d'un problème de mécanique également insoluble, celui du mouvement perpétuel. On entend par là le mouvement d'une machine qui se maintiendrait en activité par elle-même, c'est-à-dire sans qu'il fût besoin d'entretenir son mouvement au moyen d'aucune dépense extérieure. Une pareille machine aurait une grande valeur pratique, car, pour produire des mouvements, on a toujours besoin de faire des dépenses ; pour transporter des marchandises, par exemple, on doit faire des dépenses en bête de somme ou de trait, etc. Si l'on avait une voiture qui se mît et se maintînt d'elle-même en mouvement, on pourrait éviter ces dépenses. D'autre part, cette machine présenterait le plus grand intérêt scientifique. Car, si tous les mouvements terrestres connus cessent plus ou moins promptement quand on ne les entretient pas au moyen d'une dépense convenable, d'autre part, le monde stellaire nous offre le spectacle d'un système constamment en mouvement, système qui semble avoir poursuivi sans interruption ses mouvements à travers tout le cours des âges, et où l'on n'aperçoit aucun signe donnant à croire que ces mouvements se ralentiront ou cesseront. Puisque, dans ce cas, il y a des mouvements perpétuels, il semble qu'il soit démontré expérimentalement que le mouvement perpétuel est possible. On est donc amené à se poser cette question extrêmement intéressante : pourquoi le mouvement perpétuel n'existe-t-il pas sur terre alors qu'il existe dans le ciel ?

9. — Des machines diverses, à la construction desquelles un grand nombre d'hommes éminents et un nombre plus grand encore d'hommes médiocres ont consacré toute leur ingéniosité, ont permis de constater que, sur terre, on ne peut pas arriver au mouvement perpétuel. Aujourd'hui encore, on trouve parfois dans les collections des cabinets de physique des modèles d'appareils que, tant qu'ils furent sur le papier, leurs inventeurs crurent fermement être capables de réaliser le mouvement perpétuel, mais qui, une fois construits, se refusèrent invariablement à fonctionner.

Je me rappelle avoir fait moi-même, quand j'étais encore écolier, une invention pareille pendant la classe de physique, ce qui, soit dit en passant, m'attira de la part de notre excellent professeur de physique, aux lèvres duquel j'étais généralement suspendu, le reproche d'inattention. Il nous avait parlé des phénomènes de tension superficielle et nous avait appris que le niveau de l'eau est plus élevé dans les tubes étroits que dans les tubes larges. La connais-

sance de ce fait m'amena à raisonner de la façon
suivante : Si l'on prend un tube étroit dont la
hauteur soit moindre que ne serait la hauteur
d'ascension de l'eau dans ce tube prolongé, l'eau
doit s'écouler par son extrémité supérieure ; on
doit donc pouvoir, en réunissant un tube étroit
et un tube plus large de diamètres et de hauteurs
convenables, constituer un siphon où l'eau, au
lieu de se mouvoir de haut en bas comme dans
un siphon ayant partout la même largeur, se
meuve de bas en haut. Je fis appel à toute mon
habileté dans l'art de souffler le verre (elle
n'était pas très grande), et je réussis à relier
d'une façon satisfaisante un tube étroit à un
tube large.

Mais, lorsque je voulus faire fonctionner mon
ingénieux siphon, l'eau s'y comporta de la
façon la plus banale du monde : au lieu de
monter, elle descendit, absolument comme elle
l'aurait fait dans un siphon ordinaire.

Je n'ai pas besoin d'expliquer au lecteur en
quoi péchait mon raisonnement ; cela se voit de
reste. On trouve des fautes de raisonnement
analogues chez tous ceux qui ont voulu réaliser
le mouvement perpétuel au moyen de quelque
disposition mécanique.

10. — Si j'ai tiré un grand avantage du résultat
négatif de mon invention, avantage consistant
en une compréhension plus nette et plus exacte
des phénomènes de capillarité, l'humanité en a
tiré un bien plus grand encore des multiples

expériences négatives qui ont été faites dans le
même ordre d'idées, et qui lui ont permis de
reconnaître qu'il n'existe pas de moyen de créer
du mouvement. La fécondité de ce principe
négatif apparaît pour la première fois dans une
application qu'en fit le savant hollandais Stevinus
dans un ouvrage qu'il publia en 1605. Stevinus
s'était donné pour tâche d'étudier les lois mécaniques du plan incliné. La mécanique de son

époque, modelée sur celle des Grecs, se réduisait
à la statique, c'est-à-dire qu'elle s'occupait exclusivement des phénomènes de l'équilibre. Stevinus
se posa la question de savoir sous quelles conditions des forces agissant le long de plans inclinés dont les angles d'inclinaison sont différents
se font équilibre. Il résolut cette question d'une
façon géniale, parce que simple et claire.

Stevinus imagine un système formé de deux
plans inclinés d'inclinaisons quelconques, et,
entourant ce système, une chaîne fermée composée de chaînons pesants et pouvant glisser le
long des deux plans. Le frottement peut être
diminué au moyen d'un dispositif mécanique

convenable et l'on peut imaginer qu'on arrive à l'éliminer complètement. Sur le plan incliné de gauche se trouvent quatre boules ou chaînons, sur celui de droite, deux seulement; par conséquent, le poids qui agit à gauche est deux fois plus grand que celui qui agit à droite, et il semble que la chaîne devrait se mettre en mouvement vers la gauche, puisqu'il y a un excès de poids de ce côté. Mais, si cela se produisait, *il naîtrait du néant un mouvement perpétuel*, car, si longtemps que pût durer le mouvement, il y aurait toujours deux boules sur le plan de droite et quatre sur le plan de gauche; la cause du mouvement subsisterait donc perpétuellement.

Il est vraisemblable que Stevinus avait imaginé cet appareil en vue de résoudre par lui le problème du mouvement perpétuel, et qu'il fut extrèmement étonné en constatant qu'il ne fonctionnait pas — car il ne fonctionna pas plus que n'avait fonctionné auparavant et que n'a fonctionné depuis aucun des appareils destinés à réaliser le mouvement perpétuel. Il est non moins vraisemblable qu'il n'eut pas de repos avant d'être parvenu à s'expliquer pourquoi son expérience n'avait pas réussi. Chose admirable, il sut transformer sa perte, je veux dire son échec comme inventeur, en un gain extrêmement important, car il démontra la fécondité du principe négatif auquel l'avait conduit l'insuccès de son expérience.

11. — Si, en effet, la chaîne reste en repos,

comme elle le fait en réalité, on doit en conclure que l'action des quatre boules de gauche est égale à celle des deux boules de droite. La seule raison pour laquelle il y a plus de boules sur le plan de gauche est évidemment que l'inclinaison de ce plan est moindre. On arrive donc à la conclusion que le poids des boules agit d'autant moins que l'inclinaison du plan est plus petite, et il ressort de considérations géométriques très simples que les actions de poids reposant sur des plans inclinés sont inversement proportionnelles aux longueurs de ces plans, car les nombres des poids qui trouvent place sur ces plans sont proportionnels à ces longueurs.

C'est là non seulement un résultat positif mais encore un résultat très général. Tandis qu'Archimède avait résolu son problème du levier pour le cas simple où les deux bras sont égaux et portent des poids égaux, cas où l'on peut dire que, en vertu de la symétrie de la machine, une rotation à droite est tout aussi probable qu'une rotation à gauche, et que, par suite, aucune de ces deux rotations ne peut avoir lieu, Stevinus a résolu son problème des deux plans inclinés pour n'importe quelle disposition de cette machine. Ce qui lui a permis de le faire, c'est qu'il ne s'est pas servi du principe de symétrie, mais de celui de *l'impossibilité du mouvement perpétuel*.

Ce dernier principe est manifestement beaucoup plus défini que celui de la symétrie, et il y a intérêt à se demander dans quelles relations il se trouve avec le principe des travaux virtuels.

Eh bien, en dernière analyse, ces deux principes coïncident. Pour le faire voir, il faut exprimer d'une façon plus précise le principe de l'impossibilité du mouvement perpétuel.

Sous la forme où Stevinus l'a employé, ce principe dit qu'un système en repos ne se met pas en mouvement de lui-même. Cette forme est suffisante quand il s'agit d'un appareil contenant des parties telles qu'au cours du mouvement, à mesure que chacune de ces parties avance, une autre partie toute semblable vienne prendre sa place.

Mais cette expression du principe considéré ne saurait suffire dans des cas différents de celui qui vient d'être traité. Elle est trop imparfaite pour cela : il y est question de *mouvement*, il n'y est pas question de quantités de *travail*. Mais quelle est la source du mouvement? La science moderne répond que, pour produire du mouvement, il faut nécessairement dépenser du travail. Si donc aucun mouvement ne peut se produire spontanément, c'est parce qu'aucun travail ne peut se produire spontanément. Ce n'est que ce sens profond du principe qui permet de comprendre la différence qu'il y a entre les mouvements célestes et les mouvements terrestres. Tous les mouvements terrestres comportent l'obligation de vaincre des obstacles de la nature du frottement, et, pour vaincre ces obstacles, il faut nécessairement dépenser du travail. Tout mouvement d'un système terrestre cesse forcément si le travail qu'il dépense ainsi ne lui est pas restitué d'une façon quelconque, puisque, d'après le principe général que l'on vient d'énoncer, le travail ne peut pas provenir de rien. Dans les mouvements célestes, au contraire, il n'existe pas de frottements mesurables ; aussi ces mouvements ne cessent-ils pas.

Ainsi, au sens strict des mots, le principe que le mouvement perpétuel est impossible, ou qu'il est impossible que *quelque chose se meuve perpétuellement*, ce principe, l'expérience le proclame faux. Car, bien que nous admettions, pour des raisons théoriques, un ralentissement de certains mouvements astronomiques (par exemple de la rotation de la terre autour de son axe à cause du frottement produit par les marées), cependant ce ralentissement n'a pas encore été démontré, et il n'est pas interdit de croire que, pour quelque cause non encore découverte, il n'a pas lieu. Mais l'expérience permet de dire que le principe est exact en ce qui concerne le *travail :* on n'a pas encore observé de cas où il y ait eu création de travail, c'est-à-dire où du travail se soit produit sans que quelque autre chose éprouvât un changement.

12. — Avant d'appliquer ce principe aux machines simples et aux machines composées, il convient de préciser la notion de machine. Nous nous bornerons, comme toujours, aux cas les plus simples.

Généralement, une machine simple ne peut se mouvoir, soit en avant soit en arrière, que suivant un chemin déterminé, et, quand un de ses points mobiles vient à être immobilisé, elle s'en trouve tout entière arrêtée. En outre, les mouvements possibles de la machine sont *continus*, c'est-à-dire qu'il ne se produit pas de sauts ni de différences spontanés dans la grandeur ni dans le sens des mouvements. A une pareille machine s'applique ce qui suit.

Si la machine n'est pas en équilibre, c'est-à-dire si elle se met spontanément en mouvement, elle fournit nécessairement un travail extérieur. Le travail qui se trouve dans la machine diminue de la quantité qui passe à l'extérieur. L'égalité de ces quantités est une conséquence du principe que le travail ne se crée pas *ex nihilo*. La machine ne peut pas se mettre spontanément en mouvement en sens inverse, car, si elle le faisait, sa teneur en travail augmenterait, et, comme l'hypothèse de la *spontanéité* implique l'hypothèse *qu'il ne lui est pas fourni de travail extérieur*, il y aurait création de travail, ce qui, d'après notre principe, est impossible.

Si maintenant l'on change graduellement la disposition ou la charge de la machine, et cela de façon telle que le travail qu'elle abandonne en se mouvant spontanément devienne de plus en plus petit pour la même quantité de mouvement, le travail qui serait nécessaire pour la mettre en mouvement en sens inverse devient de plus en plus petit, et, si le premier travail finit par devenir nul, le second travail, sous les mêmes conditions, deviendra également nul. *Or c'est là l'état qu'on appelle équilibre.* Quand une machine est dans cet état, il n'y a pas de raison pour qu'elle se mette d'elle-même en mouvement dans un sens ou dans l'autre ; c'est précisément pour cela qu'elle reste en repos. On comprendra que cet état d'équilibre soit lié à la condition que, dans un mouvement virtuel, il n'y ait pas production de travail. En effet, le travail qui peut se produire dans le mouvement virtuel est la cause pour laquelle un pareil mouvement se manifeste spontanément ; donc, il doit se manifester du mouvement tant que le travail virtuel a une valeur différente de zéro, et il ne peut y avoir repos que quand le travail virtuel devient égal à zéro.

13. — On voit qu'ici il a été nécessaire de recourir à la notion de travail et que ce n'est qu'ainsi qu'a pu être formulée d'une façon exacte la condition de l'équilibre. Cette notion se distingue des autres notions utilisées en mécanique par des propriétés qui lui donnent une importance hors ligne. On se fera dès maintenant quelque idée de cette importance si nous disons que *le travail est une des formes de l'énergie*. C'est la forme d'énergie dont les propriétés ont été découvertes en premier ; aussi est-ce sur ses propriétés qu'on s'est guidé dans l'étude des autres formes de l'énergie. Le travail, comme nous l'avons dit, a pour mesure le produit d'une force par le chemin parcouru par le point d'application de cette force. Une force a une direction déterminée ; si le chemin en question n'est pas dans cette direction,

pour calculer le travail on multiplie la force non par le chemin que parcourt le point d'application de la force, mais par la partie de ce chemin corespondant à la direction de la force ; on obtient cette partie en projetant le chemin sur la direction de la force.

Nous pouvons condenser les résultats de ces considérations sous la forme d'une loi, celle de la *conservation du travail*. D'aucune machine, quelle que soit sa structure, on n'obtient plus de travail qu'on n'y en a mis. Si l'on se borne au cas limite théorique, où il n'y a pas de consommation de travail par frottement, on peut dire que, dans les machines, le travail, malgré des transformations au point de vue de la forme et de la direction, garde sa valeur ou *se conserve*. On est donc en droit d'énoncer une loi naturelle s'appliquant aux machines où le frottement est supposé nul, la loi de la *conservation du travail*. L'importance de cette loi réside en ceci qu'elle permet de prédire les forces que fournira une machine pour des chemins déterminés d'avance, et vice versa.

Il convient, en vue de considérations ultérieures, d'introduire ici un nouveau vocable, qui abrégera le langage. Si l'on peut faire varier à volonté, au moyen des machines, les forces et les chemins, on ne peut pas faire varier le travail. Aussi dit-on que le travail, c'est-à-dire le produit de la force par le chemin parcouru, est un *invariant* pour toutes les opérations pouvant être effectuées par des appareils mécaniques.

CHAPITRE III

LA DYNAMIQUE

La notion la plus importante et la plus féconde
à laquelle ait conduit le développement de la
statique, c'est-à-dire de la science de l'équilibre,
est celle de *travail*. Les diverses machines transforment à volonté des forces données ; suivant
leur structure, elles transforment une petite force
en une grande ou une grande force en une petite,
mais aucune ne saurait augmenter un travail
donné. Toutes les machines existantes ont même
la propriété de rendre moins de travail qu'on n'y
en met. Mais cette perte provient de leur imper-
fection, qui pourra être diminuée de plus en plus,
de sorte que la quantité de travail introduite dans
une machine et celle qui en sortira pourront se
rapprocher de plus en plus. Pour élucider une
question, la science commence par faire abstraction des circonstances variables qui la compli-
quent dans la réalité ; ce n'est qu'après avoir
résolu la question ainsi simplifiée qu'elle entre
dans les détails. Conformément à cette méthode,
nous étudierons d'abord comment se comporte-
raient des machines idéales, et ensuite seulement

comment les machines se comportent dans la réalité. Nous verrons que la seconde phase de cette étude nous fournira des résultats encore beaucoup plus généraux et beaucoup plus importants que la première.

Nous avons reconnu dans le *travail* une première forme de l'*énergie*. La loi de la conservation du travail, que nous avons dégagée de l'étude des phénomènes de la statique, est le prototype des lois de plus en plus générales que nous découvrirons en poursuivant l'examen des phénomènes physiques. Ces lois, nous les condenserons dans la loi générale de la *conservation de l'énergie*. Cette généralisation ne fera pas seulement disparaître les limitations avec lesquelles nous apparaît encore la loi de la conservation du travail, elle ne rendra pas seulement cette loi plus compréhensive, elle en augmentera encore la rigueur. L'étude du développement de la dynamique va nous faire connaître un premier stade de cette généralisation.

15. — On distingue ordinairement la dynamique de la statique en disant que la dynamique est la science du mouvement et la statique celle de l'équilibre. Nous avons déjà vu que l'équilibre ne constitue qu'un phénomène particulier de la statique, et que la loi naturelle la plus générale qu'elle présente est relative non au repos mais au travail. Ce n'est qu'une fois la question des travaux élucidée qu'on peut exprimer les conditions du repos. Et comme tout travail est lié,

dans la pensée, au mouvement, la statique est, elle aussi, dans une certaine mesure, une science du mouvement. Nous la définirons comme *la science de la forme d'énergie qu'on appelle le mouvement*. Nous sommes ainsi amenés à nous demander si une définition semblable ne conviendrait pas à la dynamique.

Il en est bien ainsi. La notion capitale que nous verrons se dégager en étudiant ce second domaine de la mécanique est aussi celle d'une espèce d'énergie déterminée, énergie que nous appellerons *l'énergie de mouvement*. De même que la notion de travail, la notion d'énergie de mouvement a, au cours du développement de la mécanique, porté différents noms, parmi lesquels nous citerons celui de *force vive*, qui lui a été donné par Leibniz, et celui d'*énergie cinétique*, imaginé par Rankine, et très employé aujourd'hui encore. Plus importantes que le nom de cette chose nouvelle sont sa nature et ses qualités, et nous allons interroger l'histoire pour tâcher d'apprendre à les connaître.

16. — C'est Galilée que nous devons considérer comme le fondateur de la dynamique ; c'est lui, en effet, qui le premier a su donner la formule exacte d'un processus dynamique, à savoir de la chute des corps pesants au voisinage de la terre. Jusqu'à lui, on s'était fait les conceptions les plus erronées de ce phénomène banal. Ces conceptions avaient pour point de départ les travaux d'Aristote. Comme nous l'avons vu, l'étude qu'Aristote avait faite du levier l'avait amené à énoncer la proposition que, lors de

l'équilibre de cette machine, les chemins parcourus en des temps égaux, c'est-à-dire les vitesses, sont inversement proportionnels aux poids. Il suit de cette proposition que, sous l'influence de forces différentes, des poids égaux parcourraient des chemins qui seraient proportionnels à ces forces, c'est-à-dire prendraient des vitesses proportionnelles à ces forces. Est-ce la faute d'Aristote lui-même si cette conclusion, exacte dans le cas du levier (et dans celui d'autres machines), fut étendue à la chute libre, ou doit-on ne rendre responsables de cette extension injustifiée que ses successeurs et ses commentateurs? Nous ne croyons pas nécessaire de le rechercher ici. Qu'il suffise de savoir que, pendant tout le moyen âge, elle fut regardée comme légitime. On fut ainsi conduit à admettre que les corps pesants tombent d'autant plus vite qu'ils sont plus pesants. Ce qui confirma les scolastiques dans cette erreur et les y fit persister si longtemps, c'est qu'à l'air libre les corps très légers tombent plus lentement que les autres. Or ils n'étaient pas assez habitués à l'observation exacte pour se rendre compte que ce phénomène est dû à la résistance de l'air.

Il est extrêmement instructif et amusant de voir comment Galilée, dans ses célèbres dialogues sur la science nouvelle qu'était de son temps la mécanique, démontre l'impossibilité qu'il y a à ce que la chute des corps obéisse à une loi pareille. Il demande d'abord qu'on lui accorde que, quand un corps tombant rapidement est lié à un corps tombant plus lentement, il communique à ce dernier un mouvement plus rapide, et qu'inversement le corps plus lent diminue la vitesse du corps plus rapide ; à cela il n'y a pas d'objection à faire. Ensuite il considère un corps pesant quelconque tombant avec une vitesse déterminée. Si l'on divise ce corps en deux parties inégales, chacune de ces parties doit, d'après la loi admise, tomber plus lentement que le corps entier, et la plus petite partie plus lentement que la plus grande. Supposons maintenant que l'on réunisse les deux parties ; alors la vitesse de la plus grande partie devra subir une seconde diminution, parce que cette partie est liée à un corps tombant plus lentement qu'elle. Le corps primitif devrait donc, simplement parce qu'il a été divisé puis reconstitué, ce qui évidemment n'a en rien diminué son poids, devrait avoir éprouvé une double diminution de sa vitesse de chute première. Or cela n'est pas seulement absurde, cela est encore en opposition avec l'hypothèse même qu'un corps lourd tombe plus vite qu'un corps léger. Car, le corps reconstitué pesant plus que chacune des parties en lesquelles il avait été divisé, devrait, d'après cette hypothèse, tomber plus vite que l'une et l'autre de ces parties.

Il est éminemment profitable d'étudier cette argumentation brillante, qui montre où gisent les impossibilités de la doctrine scolastique de la chute libre. Mais il nous faut maintenant nous occuper des résultats positifs auxquels Galilée est parvenu.

17. — Galilée arriva à résoudre le problème de la chute des corps en décomposant par la pensée en ses différentes parties le phénomène à élucider, puis en en refaisant la synthèse. Il partit du fait que les mouvements célestes, que rien ne trouble, conservent leur vitesse pendant un temps illimité. Ce fait le conduisit à admettre que, lorsqu'un corps tombe librement, les vitesses qu'il a acquises se conservent et s'ajoutent aux nouvelles vitesses qu'il acquiert. Sa vitesse doit donc *augmenter* constamment, et l'hypothèse la plus simple et la plus naturelle est que l'augmentation de sa vitesse entre deux instants donnés est proportionnelle au temps qui s'est écoulé entre ces deux instants. Tous les manuels de physique expliquent qu'il découle de cette hypothèse que les espaces parcourus dans des temps successifs égaux augmentent comme les termes de la série des nombres impairs, et que les espaces parcourus totaux sont entre eux comme les carrés des temps ; aussi n'est-il pas nécessaire de s'arrêter ici sur ces considérations. Il suffira de dire que cette hypothèse conduit partout à des conclusions qui concordent avec l'expérience, et qu'elle a permis d'établir la théorie de la chute des corps.

Cependant, il convient peut-être d'observer que cette hypothèse exacte imaginée par Galilée n'est en aucune façon la seule hypothèse possible. Il aurait tout aussi bien pu admettre qu'il y a proportionnalité entre les vitesses et les espaces parcourus, et nous savons que c'est précisément l'hypothèse qu'il fit tout d'abord. Mais il remarqua bientôt que les conséquences qui dérivent de cette hypothèse ne concordent pas avec l'expérience ; aussi l'abandonna-t-il [1]. Ce qui fait l'originalité et le mérite éminent de Galilée, c'est que, quand une conception possible d'un phénomène se présente à son esprit, il ne l'adopte pas avant d'avoir interrogé l'expérience à son sujet et d'avoir été assuré par elle de son exactitude. Poser à l'expérience des questions précises et auxquelles elle puisse répondre sans ambiguïté, telle est la méthode précieuse que Galilée nous a enseignée à employer. S'il n'est pas le premier qui l'ait appliquée d'une façon consciente et avec succès, il est en tout cas celui dont le nom symbolise aux yeux de tous la méthode faite « d'observation et de réflexion », pour employer l'expression de K. E. von Baers.

18. — L'analyse que fit Galilée du phénomène de la chute des corps n'eut pas pour seul résultat — loin de là — de lui faire trouver les lois de ce phénomène. Comme les moyens dont il disposait ne suffisaient pas pour lui permettre de mesurer les temps très courts pendant lesquels un corps qui tombe parcourt les espaces de quelques mètres à peine sur lesquels portent les expériences de ce genre, il dut imaginer un artifice par lequel le phénomène fût modifié de façon à être mesurable. Cet artifice consistait à

1. Au sujet d'un étrange paralogisme fait par Galilée à ce sujet voir Mach, *Mechanik*, p. 129 et suiv.

faire rouler des boules dans une gouttière faible-
ment inclinée. Il admit qu'une pareille chute,
une chute effectuée le long d'un plan incliné,
présente toutes les particularités de la chute
libre, avec cette seule différence que le temps de
la chute est augmenté dans une proportion déterminée et constante (qui dépend de l'inclinaison
du plan). Il avait donc agrandi le temps, comme
on agrandit un objet au moyen du microscope.
Il l'avait tellement agrandi qu'il pouvait le mesurer avec une clepsydre, construite dans ce but.
Les résultats de ses expériences confirmèrent sa
théorie.

Mais de quel droit Galilée considérait-il les
mouvements de la chute libre comme proportionnels à ceux de la chute sur un plan incliné?
Avant de pouvoir répondre à cette question, il
faut avoir répondu à cette seconde question:
pourquoi un corps tombe-t-il plus lentement
quand il est sur un plan incliné que quand il est
libre? Et à cette seconde question s'en rattache une
troisième. On se rappelle que Galilée commença
par démontrer qu'il est faux que la vitesse de chute
d'un corps augmente avec le poids de ce corps.
On peut démontrer de même que la vitesse de
chute des corps légers ne saurait être plus grande
que celle des corps lourds; on se trouve ainsi
amené à la conclusion, conclusion à laquelle
Galilée est également arrivé, que la vitesse d'un
corps ne dépend pas du poids de ce corps, qu'elle
est la même pour tous les corps, comme le prouve
d'ailleurs l'expérience (quand on élimine les
actions perturbatrices).

Mais, d'autre part, on constate que la vitesse d'un corps dépend de la force avec laquelle on le met en mouvement ; la vitesse que l'on peut imprimer à une grosse pierre en la lançant n'est pas aussi grande que celle que l'on peut imprimer à une petite pierre. Or la force qui met en mouvement un corps pour le faire tomber est plus grande dans le cas d'un corps lourd que dans celui d'un corps léger, car un corps lourd est plus difficile à soulever qu'un corps léger. Si, malgré cela, les corps tombent tous avec la même vitesse, cela doit tenir à ce qu'à cette force, qui varie d'un corps à l'autre, s'oppose quelque chose qui varie également d'un corps à l'autre. La force qui met un corps en mouvement augmente avec le poids de ce corps, mais ce qui s'oppose au changement de son état augmente également, et, si ces deux choses opposées augmentent dans la même proportion, il y a compensation.

Maintenant quelle est cette propriété qui détermine la vitesse quand la force est donnée ? Elle est incontestablement commune à tous les corps pesants, mais elle est différente de la pesanteur, car on peut l'en séparer. Dans la gouttière de Galilée, la pesanteur n'agit qu'avec une fraction de la valeur qu'elle manifeste dans le cas de la chute libre, tandis que la propriété en question conserve toute sa valeur. De là vient précisément que les corps tombent plus lentement le long de cette gouttière que quand ils sont libres.

Deux noms ont été mis en usage pour désigner cette propriété, dont Galilée a été le premier à remarquer le caractère tout particulier, celui d'inertie et celui de masse. Nous adopterons le second de ces noms, ne fût-ce que pour faire ressortir le fait qu'il s'agit d'une grandeur mesurable. La *masse est donc la propriété qui détermine la vitesse que prendra un corps sous des influences données.* On dit que les masses de deux corps sont égales quand ces corps prennent des vitesses égales sous des influences égales.

Le fait remarquable que des corps de poids différents tombent avec la même vitesse peut maintenant être expliqué de la façon suivante. La masse des corps est proportionnelle à leur poids. Par conséquent, les forces qui agissent sur les différents corps pendant leur chute sont différentes. Mais ces forces différentes ont des masses différentes à mettre en mouvement, et des masses qui sont exactement proportionnelles à ces forces. De là vient que ces forces, quoique différentes, déterminent des vitesses égales. Dans la gouttière, la force diminue d'une fraction de sa valeur primitive, tandis que la masse ne change pas ; voilà pourquoi le corps tombe plus lentement le long de la gouttière que quand il est libre.

19. — Si je n'ai pas fait un exposé historique du développement du concept de masse, c'est parce que ce concept s'est développé très lentement et en passant par de nombreuses étapes, de sorte que pour indiquer ce qu'il doit à chacun des savants qui ont concouru à sa formation, il aurait fallu entrer dans des détails qui n'ont pas d'importance au point de vue de notre but immé-

diat. Cependant il convient peut-être de donner maintenant quelques indications sur ces différentes étapes. Comme nous l'avons dit, Galilée avait déjà découvert que tous les corps tombent avec la même vitesse ; de plus, la notion d'inertie ou de persistance dans la vitesse une fois acquise était manifestement à la base de son analyse de la chute des corps, analyse que nous avons reproduite plus haut. S'il n'a pas énoncé expressément le principe qu'un corps une fois mis en mouvement par une force, son mouvement se conserve tant que d'autres forces ne le modifient pas, ce principe ressortait si bien de sa doctrine que ses successeurs l'en tirèrent sans peine.

Lorsqu'il formula les principes fondamentaux de la mécanique, Newton s'efforça de préciser la notion de masse, sans toutefois y réussir complètement. Il commença par établir une distinction nette entre la masse et le poids et par démontrer qu'ils sont proportionnels entre eux. Il conçut la pesanteur comme une force cosmique, qui détermine, en particulier, les orbites des planètes, et fut ainsi amené à découvrir qu'elle varie avec l'endroit considéré. Il reconnut aussi que, si le poids est variable, la masse ne l'est pas. Ces deux grandeurs sont exactement proportionnelles entre elles à un endroit donné, mais le facteur de proportionnalité change avec l'endroit considéré. Ainsi que Newton l'établit nettement par l'expérience, ce facteur ne dépend pas de la nature chimique des corps ; des poids égaux des corps les plus différents, depuis l'eau jusqu'à l'or, possèdent donc des masses égales. Pour faire cette démonstration, Newton eut recours au *pendule* ; il prouva expérimentalement qu'un pendule composé d'un fil et d'une boule a toujours exactement la même durée d'oscillation, de quelque substance que soit faite la boule. Il se posa la question de savoir si, par hasard, la vie ne pouvait pas avoir une influence sur cette durée ; pour élucider ce point, il suspendit à un fil une boule creuse remplie de graines de céréales, et constata que le pendule ainsi formé avait la même durée d'oscillation que les autres.

20. — Peut-être cette dernière expérience fera-t-elle sourire quelques lecteurs, auxquels il semblera « évident par soi-même » qu'il est indifférent, au point de vue du phénomène en question, que la masse de la boule du pendule soit ou ne soit pas composée d'une substance capable de germer. Mais quelles sont les choses évidentes par elles-mêmes ? Ce sont celles que l'on admet sans y réfléchir. Si l'on admet ces choses sans y réfléchir, cela peut être parce qu'on y a suffisamment réfléchi précédemment ; cela peut être aussi parce qu'il ne vous est jamais venu à l'esprit qu'il y avait lieu de se poser une question à leur endroit ; il y a là deux attitudes bien différentes ; remarquons que la plupart des choses regardées comme évidentes par elles-mêmes sont regardées comme telles en vertu de la seconde de ces attitudes.

Nous avons vu plus haut qu'à propos de chaque expérience que l'on effectue on est obligé de faire un nombre énorme d'hypothèses que l'on tient pour exactes sans les vérifier. On est forcé d'admettre que le résultat de l'expérience ne dépend que des circonstances que l'on a envisagées et déterminées, et que les innombrables autres circonstances n'ont pas d'influence sur lui. Pour beaucoup de ces circonstances, on sait qu'il en est ainsi, grâce, la plupart du temps, aux travaux d'autres expérimentateurs. Mais il est un grand nombre de circonstances dont ces travaux ne font pas mention ; ils ne mentionnent presque jamais, par exemple, l'état électrique de l'atmosphère. Aussi doit-on toujours compter avec la possibilité qu'il se manifeste dans les expériences que l'on fera des facteurs dont on n'a pas la moindre idée.

Il résulte de ce qui précède que l'on réalise un grand progrès chaque fois que l'on prouve par une expérience précise qu'une circonstance déterminée est sans influence sur un groupe de phénomènes. Dans le cas en question, on ne saurait attribuer la moindre valeur à l'objection qu'il est impossible de s'imaginer que la propriété de germer puisse avoir rien à voir avec le phénomène étudié. Tous les faits que la science a découverts au cours des siècles, les hommes étaient incapables de se les imaginer avant qu'ils eussent été découverts. Ce qui caractérise le vrai penseur, le penseur original, c'est qu'il s'affranchit des idées courantes, c'est qu'il ne recule pas devant l'absurde, nous voulons dire devant ce qui est communément tenu pour absurde. Les « Fliegenden Blätter » définissent quelque part le savant comme « un homme qui est d'une autre opinion ». Ce mot plaisant vise un travers des savants, car il fait allusion à l'esprit de dispute, qui est si répandu parmi eux ; mais, si on lui donne une autre portée, on peut lui faire désigner, au contraire, une qualité sans laquelle il n'est pas de véritable savant. Le savant, en effet, ne doit rien accepter comme évident par soi-même ; chaque fois qu'il est tenté d'admettre quelque chose, il doit se demander s'il y a des raisons qui lui donnent le droit de le faire. Bien entendu, il est impossible de procéder ainsi dans tous les cas ; les forces humaines n'y suffiraient pas. Mais, de temps à autre, une découverte vient nous surprendre qui nous montre combien étaient mal fondées certaines idées que nous croyions appuyées sur les vérités les plus évidentes. De pareilles découvertes ne sont faites que par des hommes qui tiennent qu'il faut scruter jusqu'aux choses qui paraissent évidentes par elles-mêmes.

Lorsque Newton trouva que la présence de la vie dans les corps pesants n'a pas d'influence sur le rapport du poids à la masse, il constata un fait que personne ne connaissait avant lui, et il étendit encore la portée de la loi d'après laquelle aucune circonstance connue ne modifie la valeur que possède ce rapport en un endroit donné.

21. — Si cette expérience de Newton a un caractère éminemment scientifique, il n'en est

pas de même de sa tentative de définir la masse d'une façon précise. Il la définit comme le produit du volume par la densité, mais il n'indique pas comment la densité doit être mesurée. De fait, la densité, dans le sens où Newton l'entendait ici, n'est que le rapport de la masse au volume, de sorte qu'on se trouve en présence d'une définition circulaire. Il définit, en outre, la masse comme la *quantité de matière*, mais cette définition, qui a encore cours aujourd'hui, est insuffisante, parce qu'il n'indique pas comment on doit déterminer cette quantité. C'est pourquoi, dans les considérations que nous allons développer au sujet de la masse, nous nous tiendrons à la définition donnée ci-dessus de cette grandeur, définition d'après laquelle elle est déterminée par la vitesse que le corps considéré prend sous des influences connues. Avant de développer ces considérations, il nous faut passer à un autre ordre d'idées, afin d'arriver à la notion dynamique qui correspond à la notion statique de travail et qui occupe dans la dynamique le même rang que la notion de travail dans la statique. Cette notion, c'est celle de *force vive*.

22. — Et d'abord, pour bien comprendre de quoi il s'agit, rappelons-nous d'un côté le fait que le travail, c'est-à-dire le produit de la force par le chemin parcouru, est soumis à une loi de conservation en ce sens que, s'il peut être transformé par les machines de telle façon que la

force et le chemin parcouru acquièrent d'autres valeurs, sa quantité reste constante dans toutes les circonstances. D'un autre côté, rappelons-nous qu'il résulte de l'analyse faite par Galilée de la chute libre que, si les vitesses acquises sont proportionnelles aux temps, les *carrés des temps*, et par conséquent aussi les *carrés des vitesses acquises* sont proportionnels aux espaces parcourus. Galilée établit en outre que, quand la chute n'est pas libre, mais s'effectue sur un plan incliné d'une inclinaison quelconque, la vitesse acquise ne dépend pas de la longueur du plan incliné mais *seulement de sa hauteur*. Le corps acquiert exactement la même vitesse, soit que sa chute soit libre, soit qu'elle s'effectue le long d'un plan incliné d'une inclinaison quelconque, pourvu que la hauteur de la chute libre soit égale à la différence de hauteur qu'il y a entre le haut et le bas du plan incliné. En d'autres termes, la vitesse acquise par un corps en tombant ne dépend que de la hauteur de sa chute ; elle ne dépend pas du chemin par lequel il passe du point le plus haut au point le plus bas.

Maintenant, pendant que le corps a parcouru son chemin, il y a eu consommation du travail qu'il pourrait fournir suivant ce chemin s'il faisait partie d'une machine quelconque, sans cependant que se soit manifesté, comme dans les machines, un autre travail de quantité égale. Sommes-nous donc en présence d'un cas auquel la loi de la conservation du travail ne s'appliquerait pas ? Certainement, si on prend cette loi dans le sens qu'on lui donnait autrefois, car il y a eu disparition du travail sans qu'il se soit produit d'autre travail. Mais est-ce que tout est demeuré dans l'état primitif? La seule différence que nous puissions trouver entre l'état initial et l'état final, c'est que la masse qui est tombée a acquis une certaine vitesse, dont le carré, comme nous venons de le voir, est proportionnel à la hauteur de la chute. Mais cette vitesse, ou quelque chose qui a un rapport étroit avec elle, peut, dans un certain sens, être regardé comme ayant la même valeur que le travail consommé. Car, lorsqu'on dispose l'expérience de façon que la vitesse acquise soit employée à faire remonter le corps qui est tombé, on constate qu'il remonte exactement à la hauteur d'où il est tombé.

23. — C'est quand on la réalise sur le pendule que cette expérience prend la forme la plus simple. Dans ce cas, bien entendu, le corps ne se meut pas suivant un plan incliné ; il se meut suivant un chemin circulaire, qu'au point de vue géométrique on peut considérer comme composé d'innombrables plans inclinés dont l'inclinaison change constamment. Mais, comme Galilée a établi que la valeur de la vitesse acquise par un corps tombant le long d'un plan incliné ne dépend que de la différence de hauteur entre le haut et le bas de ce plan et non de son incinaison, le changement continuel d'inclinaison des plans suivant lesquels le corps se meut dans le cas du pendule ne vicie en rien

notre argumentation, où nous visons précisément la vitesse acquise. Eh bien, pendant que le corps du pendule tombe d'une hauteur déterminée, sa hauteur au-dessus du sol diminue constamment ; en même temps, sa vitesse augmente, et, quand il est arrivé au point le plus bas de sa course, sa vitesse a sa plus grande valeur. A partir de ce point, le corps s'élève de nouveau ; donc il reçoit du travail, de même que, précédemment, pendant sa chute, il en avait perdu, et, en même temps, sa vitesse décroît, jusqu'à ce qu'elle soit devenue nulle. Alors il se retrouve à la hauteur où il était au commencement de son mouvement, et toute la série de ces processus recommence en sens inverse.

Nous avons donc le droit d'interpréter ces processus en disant que le travail qui se trouve à l'origine dans le pendule au haut de sa course se transforme en quelque autre chose, qui n'est pas du travail, mais qui peut, par une transformation inverse, redevenir du travail. Et, au cours de cette seconde transformation, le corps récupère exactement la quantité de travail qu'il avait dépensée pour produire cette nouvelle chose. Cette chose est à coup sûr en rapport étroit avec la vitesse acquise ; toutefois elle n'est pas proportionnelle à cette vitesse elle-même, mais au carré de cette vitesse. Puisque sa production est liée à la disparition d'une quantité correspondante de travail, elle est de même nature que le travail. Nous avons donc le droit d'appliquer à cette nouvelle chose le nom d'énergie, et, comme elle dépend du mouvement de la masse, nous l'appellerons *énergie de mouvement*.

24. — Ces notions importantes, que nous exposons brièvement, ont mis un temps très long à se préciser. L'homme qui a le plus contribué à leur établissement est Christian Huyghens. Galilée avait développé la théorie du pendule simple, c'est-à-dire du pendule formé d'un fil et d'un corps pesant supposé réduit à un point. Huyghens se proposa et mena à bonne fin la tâche incomparablement plus difficile d'établir la théorie du pendule réel, qui est composé d'un nombre illimité de points pesants, reliés rigidement entre eux et oscillant autour d'un axe déterminé. Ce n'est pas ici le lieu de reproduire l'argumentation serrée de Huyghens ; il importe, par contre, de faire connaître le principe sur lequel il s'appuya. Ce principe, c'est qu'en aucun cas le pendule, après qu'il a dépassé la position de repos, ne peut remonter plus haut que le point jusqu'où il avait été élevé précédemment. Il y a là manifestement une pensée toute semblable à la pensée fondamentale de la conservation de l'énergie, sauf qu'il ne s'agit plus seulement de travail, mais encore de quelque chose de nouveau, qui est lié à la chute et à la vitesse que la masse a acquise en tombant. Et de fait, en poursuivant le développement de ce principe de Huyghens, on a été amené à la découverte de la *loi de la conservation de la force vive*.

25. — Des différents savants qui ont cherché les conséquences de ce principe, c'est Leibniz dont les vues ont été les plus profondes. Il eut une controverse avec Descartes sur la question de savoir quelle était l'expression qui permettait le mieux de mesurer l'action des forces. Quand une masse acquiert une vitesse par l'action d'un travail, on peut former soit le produit de la masse par la vitesse, soit celui de la masse par le carré de la vitesse. Ces deux produits sont, chacun à sa manière, une mesure des forces, car, lorsque des forces différentes agissent sur la masse pendant des temps égaux, le premier produit (masse $\times$ vitesse) est proportionnel à la force correspondante. Mais, si les différentes forces ont agi pendant le parcours d'*espaces* égaux, les *carrés des vitesses* sont proportionnels aux forces. Il semble donc que ces deux expressions puissent servir également bien à la mesure des forces. Cependant, si l'on remarque que le produit de la force par le *chemin* parcouru est l'expression du travail, tandis que le produit de la force par le *temps* ne joue pas de rôle particulier en mécanique, parce qu'il ne possède pas de propriétés spéciales sur lesquelles puisse se fonder une loi analogue à la loi de la conservation que l'on a trouvée pour le travail, on est conduit immédiatement à penser que la valeur dynamique correspondant au travail, c'est-à-dire le produit de la masse par le carré de la vitesse, manifestera également des propriétés particulièrement frappantes.

De fait, c'est là le motif invoqué par Leibniz

pour prendre le produit de la masse par le carré
de la vitesse pour mesure des forces. Dans une
lettre qu'il écrit à de l'Hospital le 15 janvier 1696
au sujet de sa controverse avec Descartes, il
s'exprime en ces termes :

« Vous voyez que le principe de l'égalité de la
cause et de l'effet, c'est-à-dire l'exclusion du
mouvement perpétuel, est à la base de mon
évaluation de la force. Celle-ci se maintient, en
vertu de ce principe, dans une immuable identité, c'est-à-dire qu'il y a toujours conservation
de la quantité qui est nécessaire pour produire
une action déterminée, pour élever un poids à
une hauteur déterminée, pour tendre un ressort,
pour communiquer une vitesse déterminée, sans
que, dans tout le cours de l'action, le plus petit
gain ni la plus petite perte puissent être faits, bien
que, sans doute, une partie de cette force, partie
dont on ne doit jamais négliger de tenir compte,
soit absorbée par les particules imperceptibles
du corps lui-même ou par ce qui l'entoure. Au
contraire, il n'y a pas d'indice que la quantité
de mouvement (le produit de la masse par la
vitesse) se conserve dans la nature. Pour les
corps que nous pouvons observer dans la nature,
l'expérience contredit l'hypothèse de la conservation de la quantité de mouvement, et le raisonnement ne nous montre pas de motif pour
admettre une pareille conservation dans les particules imperceptibles de la matière, où nous
devons toujours supposer qu'il se produit, toutes
proportions gardées, les mêmes actions que dans
les corps sensibles et visibles. Mais, en ce qui

concerne ceux-ci, l'opinion que je défends ici ne
se fonde évidemment pas sur des expériences
relatives au choc, mais sur des principes qui
rendent raison de ces expériences elles-mêmes
et qui permettent de se prononcer sur des cas
au sujet desquels on n'a pas encore institué d'expériences ni formulé de règles, et la seule et
unique source de ces principes, c'est celui de
l'égalité de la cause et de l'effet. »

Dans la suite de ses développements, Leibniz
fait encore remarquer que le produit de la masse
par le carré de la vitesse est une véritable mesure
de l'effet des forces, en tant que cet effet est
mesuré par l'élévation d'un corps pesant, tandis
que les effets de masses différentes ayant la même
quantité de mouvement sont différents.

26. — Si l'on se demande quelle est l'idée
maîtresse contenue dans ces considérations de
Leibniz, on reconnaîtra que c'est *l'idée de conservation*. Parmi les nombreuses et diverses
grandeurs que l'on peut être amené à considérer
en mécanique, Leibniz en cherche une qui ait
la propriété remarquable d'être un *invariant*,
comme on dit aujourd'hui en mathématiques
(cf. p. 26).

Il faut bien comprendre que les valeurs dont
l'association détermine et mesure l'invariant
peuvent être variables en elles-mêmes, mais que
les variations simultanées de ces valeurs sont
toujours telles que la grandeur principale, c'est-
à-dire l'invariant, reste constante.

Ainsi que nous avons déjà eu l'occasion de le voir, la constatation qu'un processus donné ne dépend pas de certains facteurs toujours présents est des plus importantes. Elle permet, en effet, de négliger ces facteurs lorsqu'on étudie ce processus. Il est évident que, si l'on arrive à former graduellement des notions présentant une indépendance de plus en plus grande à l'égard de facteurs présents, l'étude du processus s'en trouvera facilitée dans une très grande mesure. Pour bien se rendre compte de ce fait, on n'a qu'à se rappeler que, pour les appareils mécaniques, la notion de travail représente un invariant. De quelque façon qu'une machine soit construite, on n'a besoin que de déterminer les chemins parcourus par la force et par le poids pour pouvoir calculer les forces qui se développent le long de ces chemins, c'est-à-dire pour apprendre tout ce qui est essentiel au point de vue de l'effet de la machine. Pour faire comprendre encore plus nettement le caractère de cet invariant, nous présenterons les choses de la façon suivante : si l'on considère comme positif le travail introduit dans la machine et comme négatif celui qu'elle produit, la loi de la conservation du travail dit que ces deux quantités de travail de signes contraires sont égales, et que, par suite, leur somme est égale à zéro. Quelque compliquée que puisse être une machine et quelque nombreux que puissent être les endroits où elle reçoit et cède du travail, son invariant de travail est constamment égal à zéro. On a ainsi une relation applicable à toutes les opérations que l'on peut imaginer effectuées par la machine, relation qui se présente sous la forme d'une équation, et qui permet, par conséquent, de faire des calculs précis, ce qui serait impossible sans la connaissance de cette relation.

On peut donc caractériser la découverte de Leibniz en disant qu'elle permet d'établir l'invariant pour des cas où, au lieu qu'il s'agisse de machines ne faisant que recevoir et céder du travail, il s'agit de systèmes où le travail est employé à communiquer des *vitesses* à des masses. On constate que cet invariant est *la somme des travaux et des « forces vives »*, suivant l'expression de Leibniz, ou de *l'énergie de mouvement*, suivant l'expression que nous emploierons dorénavant. Quand le pendule est arrivé au point le plus bas de sa course, il ne contient plus de travail, mais il contient la plus grande quantité d'énergie de mouvement qu'il puisse acquérir, car il possède à ce moment sa plus grande vitesse. Quand il est remonté à sa position la plus haute et qu'il est sur le point de redescendre, il n'a pas de vitesse, ni, par conséquent, d'énergie de mouvement, mais il contient la plus grande quantité de travail qu'il puisse posséder. Dans toute position intermédiaire, il contient les deux sortes d'énergie, mais, la somme de ces deux énergies étant constante, il ne contient pas autant de travail que quand il est dans une de ses positions extrèmes, ni autant d'énergie de mouvement que quand il est à son point le plus bas.

27. — Ici le lecteur se dira peut-être : il n'était pas nécessaire de consacrer tant de paroles à cette question, car elle est si simple que cela aurait été une honte pour Leibniz s'il ne l'avait pas résolue. Eh bien, nous savons par l'histoire que Descartes, bien que ses travaux eussent dû l'amener à l'idée de la conservation de l'énergie, n'est cependant pas arrivé à cette idée si simple, et que, quand on la lui fit connaître, il ne put ou ne voulut seulement pas la saisir. Une fois qu'on a apporté de l'ordre dans un problème et qu'on en a posé nettement les termes, il paraît toujours extrêmement simple. Ce qui est difficile, c'est, en présence de matériaux encore entassés confusément, de reconnaître exactement quels sont ceux qu'il faut associer pour simplifier le problème. Si l'on savait d'avance quel aspect il prendra plus tard, il ne serait pas encore par trop difficile de découvrir les éléments qu'il convient de combiner. Mais la tâche que l'on doit accomplir est doublement indéterminée, car on ne sait pas si les connaissances actuelles permettront de faire une construction simple, ni, à plus forte raison, quel aspect elle pourra avoir et quels matériaux y joueront le principal rôle.

CHAPITRE IV

L'ÉQUIVALENT MÉCANIQUE
DE LA CHALEUR

Il faut sauter près de cent cinquante ans pour voir s'accomplir un progrès essentiel dans le développement du concept qui nous occupe. Et, tandis que, jusqu'ici, c'étaient des philosophes et des mathématiciens qui avaient joué le principal rôle dans ce développement, ce seront maintenant des représentants des sciences appliquées, des médecins, des ingénieurs. C'est qu'il s'agit d'étendre ce concept au delà du domaine mécanique, de découvrir l'invariant correspondant à chaque processus physique.

Leibniz avait déjà indiqué une voie qu'il croyait devoir conduire à ce but. Il ne lui avait pas échappé que la loi de la conservation du travail et de la force vive n'est pas d'une application générale. Les cas qui la contredisent sont, en effet, trop nombreux pour qu'il lui eût été possible de ne pas s'apercevoir qu'elle ne se vérifie pas toujours. Prenons un de ces cas. Supposons une pierre tombant sur le sol et y restant ; où est maintenant son énergie de mouvement ? Leibniz

chercha à résoudre la difficulté en admettant (cf.
p. 47) que le mouvement s'est communiqué aux
particules du corps, où il est devenu inaccessible
à l'observation. Mais il n'a pas répondu à cette
question, qui se pose d'elle-même : comment
peut-on reconnaître et mesurer un pareil mouvement interne ? Or, tant qu'il n'aura pas été répondu à cette question, l'hypothèse sera sans
valeur, car elle ne dit que ce qu'on savait déjà,
à savoir que l'énergie de mouvement qui était
présente précédemment a disparu ; ou bien, ce
qui revient au même, qu'elle est peut-être encore
présente, mais qu'elle s'est soustraite à l'observation et au contrôle. On ne peut pas distinguer
le second cas du premier, et Leibniz lui-même
nous a enseigné et nous a répété sans se lasser ce
principe extrêmement important que les choses
que l'on ne peut pas distinguer doivent être
regardées comme identiques.

29. — L'idée grâce à laquelle cette difficulté
fut surmontée, c'est que l'énergie de mouvement
disparue réapparaît sous forme de *chaleur*. Cette
idée nous est si familière et nous semble si naturelle que nous avons grand'peine à nous figurer
qu'elle ait pu révolutionner la science. Eh bien,
elle n'est pas aussi naturelle que nous le croyons.
La preuve en est qu'il fallut qu'elle fût répétée à
bien des reprises et des côtés les plus divers
pendant plusieurs dizaines d'années pour être
comprise et acceptée par les savants qui étaient
« à la tête du mouvement scientifique ». Si,

d'ailleurs, après avoir commencé par sembler absurde — comme toutes les idées destinées à frayer des voies nouvelles — elle est arrivée en un temps relativement court à paraître intuitive, il faut y voir une preuve de sa grandeur et son importance, importance manifestée d'autre part par le rôle qu'elle joue dans tous les domaines des sciences naturelles.

Avant d'être conçue nettement, cette idée fut entrevue par plus d'un chercheur, et l'on en trouve toutes sortes d'ébauches. A ces ébauches il ne faut pas accorder plus d'importance qu'elles n'en ont. Il leur manque à toutes l'élément essentiel, à savoir l'expression exacte, l'expression numérique de la relation cherchée. Nous pouvons donc les laisser de côté et nous tourner vers l'homme qui le premier a exprimé cette idée capitale d'une façon claire et précise. Cet homme, c'est le médecin Julius Robert Mayer, de Heilbronn, qui publia sa découverte en 1842.

30. — Mayer naquit en 1814 à Heilbronn, où son père était pharmacien. Il fit ses études médicales et conquit le grade de docteur à l'Université de Tübingen. Puis il alla à Munich et à Paris pour y étendre ses connaissances scientifiques ; après quoi il partit comme médecin sur un bateau hollandais se rendant aux Antilles. Pendant cette longue traversée, il médita sur des sujets qui, ainsi qu'en témoignent ses lettres de jeunesse, l'avaient déjà occupé pendant son enfance, où il avait vainement tenté de réaliser

le mouvement perpétuel. Maintenant, par suite de la nature de ses occupations professionnelles, ses pensées prirent une teinte médicale.

Il avait eu plusieurs fois l'occasion de saigner des hommes de l'équipage, et il avait été frappé de voir que le sang qui s'échappait de leurs veines était beaucoup plus rouge depuis que le navire se trouvait sous les tropiques. On sait que les veines ramènent dans la circulation le sang altéré, que, dans le poumon, ce sang absorbe de l'oxygène, et que l'oxygène ainsi absorbé est nécessaire à la combustion physiologique des aliments dans le corps. Il y avait longtemps que Lavoisier avait prouvé que la chaleur du corps de l'homme et des animaux provient de cette combustion. Aussi Mayer comprit-il sans peine que, la température extérieure étant plus élevée sous les tropiques qu'ailleurs, le corps n'y a pas besoin, pour que sa température se maintienne constante, d'être le siège d'une combustion aussi active qu'à d'autres latitudes, et que, par suite, le sang veineux y contient une certaine proportion d'oxygène inutilisé, qui lui donne la teinte en question.

Un homme ordinaire se serait contenté de cette découverte et n'aurait plus songé qu'à goûter les charmes des pays tropicaux. Quant à Mayer, elle l'incita à penser de nouveau au mouvement perpétuel. L'homme ne développe pas seulement de la chaleur; il peut aussi fournir du travail, et ce travail, ainsi que le montre l'expérience de tous les jours, peut être employé à produire de la chaleur. Comment les choses se passent-elles quand, outre la chaleur qu'il développe, l'homme fournit encore du travail? La quantité de chaleur développée reste-t-elle la même, et le travail n'est-il, pour ainsi dire, qu'un produit surajouté? Supposons qu'un homme travaille pendant une heure à actionner une machine dans laquelle tout le travail soit employé à produire de la chaleur, au moyen de frottements, par exemple. Alors, à la fin de l'heure, il se sera produit non seulement la chaleur que cet homme développe ordinairement pendant ce temps, mais encore celle qui aura pris naissance dans la machine. Si cette dernière chaleur n'était qu'un produit surajouté, il serait né de la chaleur de rien, et par conséquent aussi du travail, c'est-à-dire qu'on se trouverait en présence du mouvement perpétuel, obtenu par le moyen d'un être vivant. Pourquoi pas? La vie est une chose si merveilleuse! Et si l'on écartait cette supposition et que l'on admît l'impossibilité du mouvement perpétuel dans le cas des êtres vivants comme on l'admet dans le cas des machines? Alors il faudrait chercher la source de ce travail et de cette chaleur. Cette source, on la trouvera si l'on se rappelle ce fait bien connu qu'un cheval qui travaille consomme beaucoup plus de nourriture qu'un cheval au repos. Le travail de l'homme ou celui du cheval ne serait donc qu'une autre forme de ce qui, chez un être vivant au repos, apparaît sous forme de chaleur? Si l'on admettait cela, tout irait bien. Ainsi on tiendrait la clef du phénomène *si l'on se décidait à considérer deux choses aussi dissemblables que le travail mécanique et la chaleur*

comme deux formes d'une seule et même chose.
Cette conception est à mille lieues de ce qu'enseignent, dans les universités, les professeurs de
physique, mais pourquoi ne serait-elle pas
exacte malgré cela ? N'explique-t-elle pas tout,
et n'a-t-elle pas l'avantage de rendre inutile l'hypothèse du mouvement perpétuel ?

31. — Bien entendu, je ne prétends pas affirmer que les idées de Mayer se sont succédé exactement dans cet ordre, ni, si elles se sont succédé dans cet ordre, que son argumentation a eu
cette brièveté. Il est certain toutefois [1] que, au
cours de ses méditations, il a fait un raisonnement analogue, souvent interrompu, sans doute,
par des considérations qui l'éloignaient de la solution cherchée. Pour trouver cette solution, le jeune
médecin dut fournir un travail intellectuel immense. Un des faits qui le prouvent, c'est que,
pendant les quelques semaines que le navire
resta dans son port d'arrivée, il ne le quitta pas
une seule fois, indifférent qu'il était aux beautés
d'un paysage tropical qu'il n'avait jamais vu.
S'il eut à fournir un travail aussi considérable,
ce n'est pas seulement parce que la science de
son époque ne lui donnait pas le moyen d'élabo-
rer l'idée qu'il avait d'abord entrevue plutôt qu'il
ne l'avait conçue nettement, c'est aussi parce
que, comme la plupart des médecins, il ne pos-
sédait, en mathématiques et en physique, que

1. J. R. Mayer, *Die Mechanik der Wärme*, p. 250.

des connaissances superficielles, capables seulement d'apporter la confusion dans son esprit. De retour dans son pays natal, il compléta, au prix d'un labeur acharné, ses connaissances scientifiques, et alors l'idée qu'il s'était tant appliqué à élucider lui apparut enfin avec une clarté éblouissante. Cette idée, il l'exposa dans un court mémoire, qui restera à tout jamais un des plus merveilleux documents de la science.

Je reproduis plus loin ce mémoire textuellement; il m'a semblé qu'il convenait d'autant plus de le faire qu'il est loin d'être si connu que nous nous en soyons assimilé toute la substance. Les contemporains de Mayer ne se sont pénétrés que d'une partie des idées nouvelles qu'il contient; les autres, non moins importantes, n'ont commencé à prendre racine que beaucoup plus tard, et qui peut prédire à quel arbre elles sont destinées à donner naissance?

32. — Le mémoire en question n'est pas le premier où Mayer ait donné à ses idées une forme mathématique. Dès le mois de juillet 1841, il avait envoyé, par l'intermédiaire de l'éditeur des *Annalen der Physik*, à Poggendorff, directeur de ces annales, un mémoire analogue, en le priant de le publier ou de le lui renvoyer. Poggendorff ne fit rien de ce qu'il lui demandait. Mayer se trouvait si isolé, au point de vue scientifique, à Heilbronn, qu'il dut recourir, dans cette occasion, à son ami Bauer, de Tübingen; il le pria de rechercher dans les *Annalen der*

Physik si par hasard son travail n'y aurait pas paru à son insu. Comme il n'en était rien, il écrivit de nouveau et à plusieurs reprises à Poggendorff, auquel il finit par redemander son manuscrit ; mais toutes ces démarches restèrent vaines.

Poggendorff se conduisit évidemment d'une façon discourtoise envers Mayer en ne lui répondant pas et en ne lui renvoyant même pas son manuscrit. On pourrait croire que ce manuscrit, il l'avait perdu ; mais il n'en est rien ; il fut retrouvé dans sa succession et publié par Fr. Zöllner. Mais si l'on peut lui reprocher un manque de politesse à l'égard de Mayer, on ne peut pas lui en vouloir de ne pas avoir inséré dans les *Annalen der Physik* le travail que le jeune médecin lui avait adressé, car, dans ce travail, le germe d'une théorie exacte était caché sous une telle masse d'exposés incomplets et erronés qu'il aurait fallu une pénétration surnaturelle pour l'y découvrir ; d'ailleurs le devoir strict du directeur de ce journal scientifique était de ne pas y faire paraître un travail contenant, comme celui de Mayer, des erreurs considérables. Nous pouvons admettre que c'est l'échec complet que Mayer subit à cette occasion qui le poussa à remanier ses idées, et, dans ce but, à se mieux familiariser avec les principes fondamentaux de la mécanique de son époque. Sa correspondance avec le mathématicien. Baur témoigne qu'il lui avait d'abord exposé ses idées sous la forme où il les avait développées dans le mémoire envoyé à Poggendorff et que Baur lui avait fait des objections au sujet de cette forme. Dans une rencontre qui eut lieu à Tübingen, à la fin de 1841, entre Mayer, Baur et Nörremberg, professeur de physique, celui-ci fit des objections du même genre au jeune médecin. C'est après cette rencontre que Mayer écrivit le mémoire qui fut inséré dans les *Annalen der Pharmacie und Chemie* de Liebig (voy. p. 63), et qui contenait sous une forme exacte et nette le résultat principal de ses études, à savoir le principe que le travail se transforme en une quantité équivalente de chaleur.

33. — La grosse erreur que renferme le premier mémoire de Mayer, erreur qui vicie toute sa conception du sujet, c'est que l'*énergie de mouvement* aurait pour mesure le produit de la masse par le mouvement, alors qu'en réalité ce produit mesure ce que Galilée appelait le « moment » et ce qu'on appelle aujourd'hui la « quantité de mouvement ». Cette idée conduisit Mayer à des spéculations erronées au sujet de la manière de formuler l'équation de transformation. Il y a là, comme on le voit, la même confusion que celle qui avait occasionné une controverse entre Leibniz et Descartes. Et dans une lettre que Mayer, une fois revenu de cette idée fausse, écrivit plus tard à Baur, il fait valoir avec beaucoup de force les mêmes raisons que Leibniz en faveur de l'adoption, comme mesure de l'énergie de mouvement, du produit de la masse par le carré de la vitesse. Il fait remarquer qu'à des quantités de travail égales, données par l'élévation de

poids différents à des hauteurs inversement proportionnelles à ces poids, correspondent des
valeurs égales non des quantités de mouvement,
mais des forces vives qui seraient engendrées par
la chute de ces poids. De fait, c'eût été porter
atteinte au principe qu'il défendait et suivant
lequel la « force » se conserve, que d'admettre
pour les forces une mesure telle qu'au même travail pussent correspondre des forces de valeurs
différentes.

On voit que la conduite de Poggendorff à
l'égard de Mayer a eu en fin de compte un résultat heureux puisqu'elle a empêché celui-ci de
publier des erreurs, ce qui aurait rendu la propagation de ses idées justes encore plus difficile
qu'elle ne le fut. Mais Poggendorff fut bien mal
inspiré lorsque, plus tard, il refusa également
d'insérer le travail de Helmholtz, qui ne contenait pas d'erreurs, comme celui de Mayer, et
qui non seulement était absolument et dans toutes
ses parties à la hauteur de la physique de
l'époque, mais encore renfermait de très importantes nouveautés. Sa conduite, dans ces deux
cas, doit sans doute être attribuée aux souvenirs
que lui avaient laissés des luttes à peine terminées
alors, luttes soutenues contre la philosophie
naturelle, qui avait fait son apparition en Allemagne dans les premières années du xix⁰ siècle,
au grand dommage des sciences exactes. La
crainte où l'on était des spéculations sans fondement avait engendré, à l'égard de toute idée de
grande envergure, une méfiance qui était justi-
fiée dans le fond, mais qui, par son exagération,

rétrécissait l'horizon intellectuel. Ainsi s'explique la manière d'agir, autrement incompréhensible, de Poggendorff, dans les deux occasions que nous avons rapportées.

34. — Un second mémoire de Mayer, écrit au commencement de 1842, eut un sort plus heureux. A peine rédigé, il parut, sous le titre de « Remarques sur les forces de la nature inanimée », dans les *Annalen der Pharmacie und Chemie* publiées par Liebig et Wöhler. Il doit d'avoir été accueilli dans cette revue de chimie au fait qu'à cette époque Liebig s'occupait précisément du problème qui avait été le point de départ des recherches de Mayer, c'est-à-dire du problème de la transformation des aliments dans l'économie animale. Et maintenant laissons la parole à ce novateur de vingt-six ans.

Remarques sur les forces de la nature inanimée.

« Le but des lignes qui suivent est de chercher à élucider la question de savoir ce que nous devons entendre par « forces » et comment les forces se comportent entre elles. Tandis que, par la dénomination de « matière » on attribue à un objet des propriétés bien déterminées, telles que la pesanteur et le volume, à la dénomination de force s'attache principalement l'idée de quelque chose d'inconnu, d'inscrutable, d'hypothétique. Il nous semble que la tentative que nous faisons ici de donner à la notion de force autant de précision qu'en possède celle de matière, et de ne désigner par le mot de force que des objets pouvant donner lieu à des recherches réelles, ainsi que les conséquences qui découlent de cette tentative, ne pourront pas être mal accueillies de ceux qui aiment à avoir sur les phénomènes de la nature des vues claires et exemptes d'hypothèses.

Les forces sont des causes : par conséquent le principe *causa æquat effectum* s'applique pleinement à elles. Si la cause c produit l'effet e, on a $c = e$; si e est à son tour la cause d'un autre effet f, $e = f$, etc. ; par conséquent, $c = e = f \ldots = c$. Dans une chaîne de causes et d'effets, un terme ou une partie d'un terme ne peut jamais, ainsi qu'il résulte de la nature d'une équation, devenir égal à zéro. A cette première propriété de toutes les causes nous donnons le nom d'*indestructibilité*.

Si la cause donnée c a produit un effet e qui lui est égal, c a, par cela même, cessé d'exister ; c est devenu e ; si, après la production de e, c subsistait encore en tout ou en partie, à cette cause subsistante devrait correspondre un effet additionnel ; par conséquent, l'effet de c devrait être $> e$, ce qui est contraire à l'hypothèse $c = e$. Puisque donc c se change en e, e en f, etc., nous devons considérer ces grandeurs comme des formes différentes d'un seul et même objet. La capacité de prendre des formes différentes est la seconde propriété essentielle de toutes les causes. Étant donné les deux propriétés que nous leur avons reconnues, nous dirons : les causes sont des objets (quantitativement) indestructibles et (qualitativement) variables.

La nature présente deux catégories de causes entre lesquelles l'expérience montre qu'il existe une barrière infranchissable. La première catégorie comprend les causes possédant les propriétés d'être pondérables et impénétrables ; ce sont les matières ; la seconde comprend les causes auxquelles manquent ces propriétés ; ce sont les forces, appelées également les impondérables à cause de la propriété négative qui les caractérise. Les forces sont donc *des objets indestructibles, variables et impondérables.*

Une cause qui détermine l'élévation d'un poids est une force ; son effet, *le poids élevé,* est donc également *une force;* exprimant ce fait d'une façon plus générale, nous dirons : *toute différence spatiale d'objets pondérables est une force;* comme cette force détermine la chute des corps, nous l'appellerons *force de chute.* La force de chute et la chute, et, d'une façon plus générale encore, la force de chute et le mouvement sont des forces qui sont entre elles comme la cause et l'effet, des forces qui se transforment l'une dans l'autre, deux formes différentes d'un seul et même objet. Exemple : un poids reposant sur le sol n'est pas une force ; il n'est la cause ni d'un mouvement ni de l'élévation d'un autre poids, mais il devient une force d'autant plus grande qu'on l'élève plus au-dessus du sol ; la cause, c'est-à-dire l'éloignement d'un poids par rapport à la terre, et l'effet, c'est-à dire la quantité de mouvement produite, sont, ainsi que l'enseigne la mécanique, constamment égaux entre eux.

Considérant la pesanteur comme la cause de la chute, on parle d'une force de pesanteur, et l'on embrouille les notions de force et de propriété ; ce qui appartient essentiellement à toute force, à savoir l'indestructibilité associée à la variabilité, est précisément ce qui manque à toute propriété ; entre une propriété et une force, entre le pesanteur et le mouvement on ne peut pas établir l'équation que comporte une relation causale bien pensée. Regarder la pesanteur comme une force, c'est se figurer une cause qui, sans diminuer elle-même, produit un effet, et, par conséquent, se représenter d'une façon inexacte l'enchaînement causal des choses. Pour qu'un corps puisse tomber, son élévation au-dessus du sol n'est pas moins nécessaire que sa pesanteur ; on ne doit donc pas attribuer à la pesanteur seule la chute des corps.

L'établissement des relations qui existent entre la force de chute et le mouvement, entre le mouvement et la force de chute et entre les mouvements est du domaine de la mécanique ; nous ne rappellerons ici qu'un seul point acquis par elle. En posant le rayon terrestre $= \infty$, la grandeur de la force de chute v est proportionnelle à la grandeur de la masse m et à celle de son élévation d ; $v = md$. Si l'élévation $d = 1$ de la masse se transforme en un mouvement de cette masse, mouvement ayant une vitesse finale $c = 1$, on a aussi $v = mc$; mais il résulte des relations connues qui existent entre d et c que, pour d'autres valeurs de d ou de c, la mesure de la force v est

mc^2; donc $v = md = mc^2$; ainsi la loi de la conservation des forces vives est fondée sur la loi générale de l'indestructibilité des causes.

Nous voyons, dans des cas innombrables, un mouvement cesser sans avoir produit un autre mouvement ni l'élévation d'un poids ; mais une force ne peut pas devenir nulle ; elle ne peut que prendre une autre forme ; la question se pose donc de savoir quelle autre forme peut prendre la force que nous avons appris à connaître comme force de chute et comme mouvement. L'expérimentation seule pourra nous renseigner à cet égard. Pour faire nos expériences, nous devrons choisir des instruments qui non seulement fassent réellement cesser un mouvement, mais encore soient aussi peu modifiés que possible par les objets soumis à l'examen. Frottons, par exemple, deux plaques de métal l'une contre l'autre ; nous verrons du mouvement disparaître, et, par contre, de la chaleur apparaître. Il nous reste à nous demander si le mouvement que nous avons produit est la cause de cette chaleur. Pour élucider ce point, il nous faut examiner si, dans les cas innombrables où de la chaleur apparaît en même temps que du mouvement disparaît, le mouvement n'a pas un autre effet que la production de chaleur et la chaleur une autre cause que le mouvement.

On n'a jamais encore institué d'expérience sérieuse pour démontrer les effets du mouvement qui cesse ; sans vouloir nous inscrire d'avance en faux contre les hypothèses que l'on pourra faire, nous attirerons l'attention sur le fait que l'effet d'un mouvement qui cesse ne consiste pas, en règle générale, en une modification de l'état d'agrégation des corps en mouvement qui frottent l'un contre l'autre. Admettons qu'une certaine quantité v de mouvement soit employée à transformer en n une matière m soumise à des frottements ; alors on devrait avoir $m + v = n$, d'où $n = m + v$, et, lorsqu'on ferait repasser n à l'état m, v devrait se manifester de nouveau sous une forme quelconque. En frottant pendant très longtemps deux plaques métalliques l'une contre l'autre, nous pouvons faire cesser successivement une quantité énorme de mouvement ; mais nous viendrait-il jamais à l'esprit de chercher à retrouver dans la poudre métallique qui se sera amassée la moindre trace de la force disparue et de tenter de l'en extraire ? Le mouvement, nous le répétons, ne peut pas s'être réduit à rien, et des mouvements opposés, ou, en d'autres termes, des mouvements positifs et négatifs ne peuvent avoir pour somme zéro, pas plus que des mouvements opposés ne peuvent naître de zéro, ou qu'un poids ne s'élève de lui-même.

De même que, si l'on n'admet pas une liaison causale entre le mouvement et la chaleur, on ne peut aucunement rendre compte du mouvement disparu, de même, si l'on admet pas cette liaison, on ne peut expliquer la production de la chaleur de frottement. Cette chaleur ne peut pas être attribuée à la diminution de volume des corps qui frottent l'un contre l'autre. On peut, comme on le sait, fondre deux morceaux de glace dans le vide en les frottant l'un contre l'autre ; eh bien, que l'on essaye de transformer de la glace en eau par la pression ; y arrivera-t-on, si forte que soit la pression employée ? L'eau éprouve, ainsi que l'a constaté l'auteur de ces lignes, une élévation de température quand on l'agite fortement. Elle occupe, après avoir été agitée, un volume plus grand que celui qu'elle occupait avant l'agitation (les expériences ont été faites sur de l'eau à 12° et à 13° C.) ; d'où vient donc la quantité de chaleur que l'on peut produire chaque fois qu'on le veut dans le même appareil en agitant cet appareil ? La théorie des vibrations thermiques tend à admettre que la chaleur est l'effet du mouvement ; toutefois elle ne reconnaît pas nettement ni dans toute sa portée cette relation causale, et appelle principalement l'attention sur des vibrations difficiles à interpréter.

Puisqu'il est avéré que dans beaucoup de cas (l'exception confirme la règle), on ne peut pas trouver pour le mouvement qui disparaît d'autre effet que la chaleur, ni pour la chaleur qui a pris naissance d'autre cause que le mouvement, nous préférons admettre que la chaleur naît du mouvement, plutôt que d'admettre une cause sans effet ou un effet sans cause, de même que le chimiste, quand il voit de l'hydrogène et de l'oxygène disparaître et de l'eau prendre naissance, au lieu de se contenter de constater ces deux phénomènes, déclare qu'il y a un lien entre la disparition de l'hydrogène et de l'oxygène et l'apparition de l'eau.

Nous pouvons nous représenter de la façon

suivante le lien naturel qui existe entre la force de chute, le mouvement et la chaleur. Nous savons que de la chaleur se manifeste quand les particules d'un corps se rapprochent ; la contraction produit de la chaleur ; or ce qui est vrai des particules des corps et des espaces qui séparent ces particules, l'est également des grandes masses et des espaces mesurables. La chute d'un poids est une réelle diminution du volume de la terre ; aussi y a-t-il nécessairement un lien entre cette chute et la manifestation concomitante de chaleur ; la chaleur produite devra être exactement proportionnelle à la grandeur du poids et à son éloignement (primitif) de la terre. Cette observation conduit de la façon la plus simple à des équations entre la force de chute, le mouvement et la chaleur.

Mais, de même qu'on ne peut pas conclure du lien qui existe entre la force de chute et le mouvement que l'essence de la force de chute est le mouvement, de même on ne peut pas conclure du lien qui existe entre le mouvement et la chaleur que l'essence de la chaleur est le mouvement. Nous en conclurions plutôt le contraire, c'est-à-dire que, pour pouvoir devenir de la chaleur, le mouvement — que ce soit un mouvement simple ou un mouvement vibratoire, comme la lumière, la chaleur rayonnante, etc. — doit cesser d'être du mouvement.

Si la force de chute et le mouvement sont égaux à la chaleur, la chaleur doit naturellement aussi être égale au mouvement et à la force de chute. De même que la chaleur comme effet

prend naissance lors d'une diminution de volume
et d'une cessation de mouvement, de même la
chaleur comme cause disparaît lorsque se manifestent ses effets, le mouvement, l'augmentation
de volume, l'élévation d'un poids.

Dans les machines actionnées par l'eau, une
quantité importante de chaleur est fournie continuellement par le mouvement qui prend naissance aux dépens du volume de la terre, constamment diminué par la chute de l'eau, et qui
disparaît ensuite ; inversement, les machines à
vapeur servent à changer la chaleur en mouvement ou en élévation de poids. La locomotive
avec son convoi est comparable à un appareil dis-
tillatoire ; la chaleur accumulée sous la chaudière
se change en mouvement, et ce mouvement, à
son tour, se transforme, pour une part importante, en chaleur dans les axes des roues.

Nous terminerons par une conclusion pratique
l'exposé des idées que nous soutenons, idées qui
résultent nécessairement du principe « causa
æquat effectum », et qui s'accordent pleinement
avec tous les phénomènes naturels. Pour pouvoir
résoudre les équations qui existent entre la force
de chute et le mouvement, on a dû déterminer
expérimentalement l'espace parcouru pendant un
temps déterminé, pendant la première seconde,
par exemple ; de même, pour pouvoir résoudre
les équations qui existent entre la force de chute
et le mouvement, d'une part, et la chaleur, d'autre
part, il faut élucider la question de savoir quelle
est la quantité de chaleur qui correspond à une
quantité déterminée de force de chute ou de

mouvement. Il faut trouver, par exemple, à quelle hauteur au-dessus du sol un poids déterminé doit être élevé pour que sa force de chute soit équivalente à la quantité de chaleur nécessaire pour élever de o°C à 1°C le même poids d'eau. Le fait qu'une pareille équivalence existe dans la nature peut être regardé comme un résumé des considérations précédentes.

En appliquant aux gaz les principes que l'on vient d'établir, on trouve que l'abaissement d'une colonne de mercure comprimant un gaz est égal à la quantité de chaleur dégagée par la compression, et il en résulte — le rapport des chaleurs spécifiques de l'air atmosphérique à pression constante et à volume constant étant égal à 1,421 — qu'à la chute d'un poids d'une hauteur de 365 mètres environ correspond la quantité de chaleur nécessaire pour élever de o° à 1° la température d'un même poids d'eau. Si maintenant on considère les rendements de nos meilleures machines à vapeur, on verra qu'une faible partie seulement de la chaleur fournie à la chaudière se transforme en mouvement ou en élévation de poids : cette constatation pourrait servir de justification aux tentatives que l'on a faites pour obtenir du mouvement par des procédés plus avantageux que celui de la combinaison de C et de O, notamment par la transformation en mouvement d'électricité obtenue par voie chimique. »

35. — Si, dans ce travail, Mayer n'envisage

que la nature inanimée, bien que ce fût l'étude
des êtres vivants qui l'avait amené à sa théorie,
c'est qu'il voulait n'interpréter d'abord que les
cas les plus simples. Dans un mémoire publié
quelques années plus tard, mémoire intitulé
« Uber die organische Bewegung und den Stoffwechsel » (sur le mouvement organique et la
nutrition), il ne se contente pas d'appliquer sa
conception aux êtres vivants ; il signale encore
l'importance qu'elle a au point de vue de la compréhension des phénomènes cosmiques. On voit
donc qu'il se rendait parfaitement compte de la
portée tout-à-fait générale de l'idée qu'il avait
créée ou plutôt qu'il avait dégagée du chaos des
phénomènes.

Ce qui, dans l'œuvre de Mayer, est le plus
important au point de vue de l'étude d'ensemble
que nous faisons ici, c'est qu'il conçoit les forces,
c'est-à-dire, dans notre langage, l'énergie, comme
une substance. La force est pour lui une réalité,
un être d'une espèce déterminée et particulière ;
son indestructibilité et son incréabilité sont des
marques de sa réalité. Pour mettre cette réalité
en relief le plus qu'il le peut, *il supprime l'énergie
de la matière ;* d'après lui, il y a d'un côté les
objets indestructibles et pondérables, qui sont
les matières, et, de l'autre côté, les objets indestructibles et inpondérables, qui sont les énergies.
Les objets appartenant à la seconde catégorie sont
aussi réels que ceux qui appartiennent à la première, et ne s'en distinguent qu'en ce qu'ils n'a-
gissent pas sur la balance.

36. — Aux yeux des contemporains de Mayer et de ses successeurs immédiats, ce rapprochement n'était qu'audacieux. Ils se refusèrent à reconnaître l'exactitude des généralités qu'il avait établies. N'admettant de son œuvre que le fait, découvert par lui, d'un rapport déterminé entre la chaleur et le travail, ils cherchèrent instinctivement à sauver la plus grande partie des idées qui avaient cours avant lui. Il n'y avait là rien que de très naturel, étant donné la manière dont est fait l'esprit humain. C'est toujours un travail difficile que d'appliquer des idées scientifiques nouvelles à un domaine que l'on connaît déjà plus ou moins, que de considérer sous un jour nouveau des phénomènes qui vous sont familiers ; c'est comme si l'on devait exprimer des idées accoutumées dans une langue nouvelle pour vous et qu'il vous faudrait commencer par apprendre. Quoi d'étonnant à ce qu'on cherche à garder les anciennes expressions et à n'employer tout d'abord les nouvelles que là où il n'est pas possible de faire autrement parce que les anciennes sont devenues par trop insuffisantes ? La définition que Mayer avait donnée des forces ne fut donc acceptée de personne ; tous les autres chercheurs qui, bientôt après lui, développèrent des idées analogues sur les relations mutuelles des forces de la nature, cherchèrent à se tirer d'affaire au moyen des anciennes notions ; considérant la chaleur et les autres formes non mécaniques de l'énergie comme des états de mouvement des particules de la matière, ils essayèrent de ramener toute énergie à l'énergie mécanique ; plus tard on a même tenté

de ramener toute énergie à l'énergie de mouvement.

Nous savons que c'est là un expédient proposé dès avant les travaux de Mayer, expédient indiqué par Leibniz, et nous nous sommes convaincus qu'il ne permet pas de faire de véritables progrès, qu'en l'utilisant on se condamne à piétiner sur place. L'emploi de cet expédient a tellement retardé le progrès scientifique que les savants ne sont parvenus que récemment au point où Mayer est arrivé il y a soixante ans. Si aujourd'hui un physicien ou un chimiste veut se montrer homme de progrès, il déclare que la matière et l'énergie sont deux entités semblables ou parallèles, et il définit les sciences physiques comme les sciences de la transformation de ces deux choses indestructibles, la matière et l'énergie, sans savoir, la plupart du temps, qu'il ne fait que reproduire la conception de Mayer. On verra plus tard que l'on ne doit pas s'arrêter à cette conception comme à quelque chose de définitif, et que le dualisme matière-énergie lui-même peut être supprimé, attendu que la notion de matière est une notion subordonnée, et une notion qui n'est même pas particulièrement heureuse.

Bien entendu, le dualisme esprit-matière disparaît du même coup, et la question se pose de savoir quelle est la relation de l'énergie avec l'esprit. Eh bien — et c'est là le progrès le plus considérable qui ait été réalisé dans cet ordre d'idées — au regard de la science ces deux entités sont de même espèce, et la notion d'esprit se fond dans celle d'énergie. Nous nous contenterons ici de ces brèves indications. Ce sujet grandiose sera approfondi plus loin, et l'on verra alors sur quoi s'appuient les affirmations ci-dessus.

37. — Les grandes découvertes sont souvent faites presque simultanément par plusieurs chercheurs. Il en fut ainsi de la découverte d'un rapport déterminé entre la chaleur et le travail. Pourtant la priorité en appartient à Mayer, dont, en outre, la pensée a plus d'originalité et de portée que celle de ses émules. L'Anglais James Prescott Joule fut amené à cette découverte en suivant une voie tout autre que Mayer et sans s'appuyer sur ses travaux.

Joule était un de ces savants amateurs qui ne se voient guère qu'en Angleterre. Il était propriétaire d'une grande brasserie près de Manchester, et les revenus qu'il en tirait lui permettaient de s'adonner à la science. Son tour d'esprit, comme celui de tant de ses compatriotes, était mi-pratique, mi-scientifique. L'électromagnétisme, qui venait d'être découvert, l'intéressait vivement, parce que la découverte des énormes forces d'attraction qui se développent dans un noyau de fer autour duquel circule un courant électrique ouvrait à l'industrie la perspective d'obtenir du travail à bon marché. Comme on le sait, c'est précisément dans le sens opposé que les choses ont évolué ; au lieu de produire de la force magnétique au moyen d'éléments galvaniques, l'industrie a substitué des électromoteurs mécaniques aux éléments galvaniques, seule source de courants électriques connue du temps de Joule.

Pour étudier la question pratique que nous avons indiquée, Joule institua des expériences où se révèle un esprit remarquablement méthodique. Il étudia séparément tous les facteurs relatifs au cas d'une machine actionnée par un courant électrique ; de cette étude résulta accessoirement la découverte d'un certain nombre de lois physiques importantes. Ce qui l'intéressa par-dessus tout, c'est le développement de chaleur qui se produisit dans les fils de ses appareils, car il ne tarda pas à constater qu'il y avait un rapport déterminé entre la quantité de chaleur qui s'y développait et la quantité de produits chimiques consommée dans les éléments galvaniques. Il lui apparut bientôt que, toutes choses égales d'ailleurs, le courant développait moins de chaleur dans les fils quand la machine travaillait que quand elle était au repos. Il était amené ainsi à envisager des idées toutes semblables à celles qui s'étaient imposées à Mayer, sauf qu'au lieu de l'organisme animal il s'agissait ici de l'appareil électromagnétique avec ses éléments galvaniques. Il arriva au même résultat que Mayer, à savoir que la source du travail mécanique doit être cherchée dans les processus chimiques, et que ceux-ci développent, suivant le cas, soit de la chaleur seule, soit du travail avec une quantité de chaleur d'autant moindre que la quantité de travail est plus grande.

38. — Les phénomènes étudiés d'abord par Joule

étant assez compliqués, il résolut, pour élucider complètement la question, d'en étudier d'autres analogues mais plus simples. Il se demanda : où la relation existant entre la chaleur et le travail se manifeste-t-elle sous sa forme la plus simple ? et il se répondit : dans la transformation du travail en chaleur par le frottement. Il comprenait fort bien que, si l'idée de l'équivalence du travail et de la chaleur était exacte, on devait toujours obtenir, au moyen d'une quantité donnée de travail, la même quantité de chaleur, quelle que fût la manière particulière dont le travail était transformé en chaleur.

Nous voyons une fois de plus que le fait de reconnaître qu'une certaine chose est indépendante d'un groupe nombreux de circonstances par lesquelles on pourrait être enclin, au premier abord, à croire qu'elle est influencée, constitue un progrès scientifique très considérable.

De ses expériences, où il transforma en chaleur des manières les plus diverses possible le travail produit par la chute de corps pesants, Joule tira la conclusion qu'il existe, en effet, un rapport invariable entre le travail et la chaleur. Il publia sa découverte en 1843, c'est-à-dire un an seulement après qu'eut paru le premier mémoire de Mayer. On ne peut s'empêcher d'admirer le courage que montra Joule en tirant de ses expériences une conclusion dont la portée était aussi grande, car il avait fait ses premières mesures avec des moyens fort imparfaits, et les valeurs qu'il regardait comme égales différaient considérablement les unes des autres ; elles étaient parfois entre elles comme 1 et 2. Nous pouvons être assurés de ne pas nous tromper en attribuant son courage à sa conviction que son idée était juste. De nouvelles mesures, qu'il fit lui-même avec beaucoup de soin et de précision, confirmèrent absolument cette conclusion hardie.

39. — Quant aux considérations générales qui guidèrent Joule dans ses travaux, elles ont déjà été signalées plus haut. Il regardait le rapport constant que ses expériences lui avaient permis de constater entre le travail et la chaleur comme une indication qu'au fond la chaleur est, comme le travail, de nature mécanique ; elle consistait, pour lui, en un mouvement des particules composant la matière, c'est-à-dire des atomes ou des molécules ; c'était là, d'ailleurs, une opinion très répandue de son temps. Dans cette hypothèse, la transformation du travail en chaleur serait un phénomène tout semblable à celui de la transformation du travail en force vive d'espèce ordinaire ou visible, de sorte que la loi de l'équivalence serait « expliquée ». Cette explication de la loi en question est aussi peu satisfaisante que toutes celles en vue desquelles on a imaginé des hypothèses spéciales, car elle ne dit rien que ne renferme déjà le fait à expliquer. Mais elle fut accueillie avec empressement, parce qu'elle rattachait un fait nouveau à un fait connu depuis longtemps ; c'est là, du reste, la raison psychologique du succès généralement obtenu par de pareilles explications.

40. — A cette occasion, il convient de rectifier une erreur qui s'est répandue à l'époque et qui réapparaît parfois encore dans la littérature. Nous voulons parler d'une erreur relative à la part prise respectivement par Mayer et par Joule à la découverte de la loi de la conservation de l'énergie et à la détermination de l'équivalent mécanique de la chaleur, c'est-à-dire de la valeur numérique du rapport des quantités équivalentes de travail et de chaleur exprimées au moyen des unités alors en usage. Ainsi qu'on l'a indiqué à la page 72, Mayer avait induit ce rapport des phénomènes calorifiques qui accompagnent la dilatation des gaz avec et sans production de travail extérieur : il avait comparé la quantité de chaleur nécessaire au simple échauffement de l'air sans dilatation à celle qui est absorbée quand l'air se dilate et fournit en même temps du travail extérieur. On avait reproché à Mayer que sa conclusion reposait sur l'hypothèse que le simple accroissement de volume de l'air sans production de travail extérieur ne donne pas lieu à une absorption de chaleur, alors que ce fait n'aurait été prouvé que par des expériences ultérieures de Joule. Or il avait été prouvé depuis longtemps par Gay-Lussac, dont Joule ne fit que répéter les expériences en les élargissant, et, pendant son séjour à Paris, Mayer avait eu amplement l'occasion d'apprendre à connaître ces expériences, qui furent, à l'époque, l'objet de vives discussions. Et même il n'est pas improbable que l'énigme que semblaient alors recéler ces faits a été pour beaucoup dans le développement de

ses pensées. En tout cas, on peut affirmer que la manière dont Mayer a calculé ce rapport était absolument légitime et correcte, et que, si le nombre qu'il a trouvé tout d'abord pour ce rapport diffère du nombre vrai, cela ne tient qu'à l'inexactitude des valeurs numériques alors admises pour les chaleurs spécifiques de l'air et aucunement à des défauts inhérents aux principes sur lesquels il a basé son calcul.

41. — Le troisième savant auquel on doit des travaux essentiels sur la conservation de l'énergie est H. Helmholtz. Il arriva à ses conclusions de la même façon que Mayer, c'est-à-dire en réfléchissant au problème du développement de la chaleur animale, mais il ne publia le résultat de ses études qu'en 1847, cinq ans, par conséquent, après le court mémoire que Mayer fit d'abord paraître et deux ans après l'ouvrage plus étendu de cet auteur (*Die organische Bewegung in ihrem Zusammenhang mit dem Stoffwechsel*). Possédant une connaissance beaucoup plus étendue que Mayer de la physique de l'époque, et sachant parfaitement manier les mathématiques, Helmholtz sut exposer d'une façon beaucoup plus complète et beaucoup plus détaillée que lui la portée du principe de la conservation de la « force » (ainsi qu'il appelle, lui aussi, le travail, ou, d'une façon générale l'énergie). Il part de la même idée fondamentale que Joule, seulement il l'approfondit au moyen des mathématiques. Il montre que tous les systèmes mécaniques sont

soumis à la loi de la conservation de l'énergie, (qui est alors soit de la force vive soit de la « force de tension ») si les forces de tension agissant dans ces systèmes s'exercent suivant les lignes qui joignent les particules agissantes et ne sont, par ailleurs, fonctions que des distances de ces particules entre elles. Admettant provisoirement que tous les phénomènes de la nature peuvent se ramener à l'action de forces de cette espèce, et sont soumis, par conséquent, à la loi de la conservation de la « force », il développe les conséquences qui découlent, pour les différents domaines de la physique, de cette hypothèse; il obtient ainsi un certain nombre de nouvelles relations. Ce sont ces considérations qui donnent au mémoire de Helmholtz sa grande valeur; c'est aussi l'idée qu'il y exprime que « la constatation de la portée générale de cette loi semble devoir être regardée comme une des tâches principales qui incomberont à la physique dans un avenir immédiat ». S'il s'élève ainsi bien au-dessus du point de vue commun à presque tous les savants de son époque, il y redescend quand il dit que la tâche de la physique est de ramener tous les phénomènes à la mécanique.

L'accueil que reçut l'étude de Helmholtz, alors jeune homme de vingt-six ans, ne fut guère meilleur que celui qui avait été fait au mémoire de Mayer. Bien qu'elle lui fût recommandée par des personnes influentes, Poggendorff, directeur des « *Annalen der Physik* », la refusa sans expliquer ce refus par des raisons plausibles. A l'Académie des Sciences, elle ne fut défendue que par le mathématicien Jakobi, qui la comprit mieux que ses collègues, à cause des recherches qu'il avait faites lui-même sur les bases de la mécanique. Pour qu'elle fût publiée, Helmholtz dut s'adresser à un éditeur, dont il reçut, toutefois, une certaine somme. Si les savants en vue l'avaient mal accueillie, il n'en fut pas de même des jeunes physiciens, mathématiciens et physiologistes qui venaient de fonder à Berlin la Société de physique. Dans ce milieu, les idées de Helmholtz furent adoptées avec enthousiasme. Grâce à ces jeunes savants, les encouragements ne lui manquèrent pas, comme ce fut le cas pour Mayer, qui, confiné à Heilbronn, souffrit beaucoup de ne pas voir ses efforts approuvés et soutenus.

42. — Après la publication de cette étude de Helmholtz, un nombre de plus en plus grand de physiciens adoptèrent l'idée de la conservation de la « force » ; plusieurs en firent même la base de nouvelles recherches. Ainsi se réalisèrent pleinement les paroles de Helmholtz que nous avons citées plus haut. L'idée de la conservation de l'énergie n'a jamais cessé de gagner du terrain ; peu à peu elle a si bien pénétré l'esprit non seulement des savants mais encore des hommes d'une culture moyenne que, pour les uns et pour les autres, elle est devenue subconsciente. Non seulement nous écartons de nos théories, comme inadmissible, tout ce qui serait en contradiction avec la loi de la conservation de l'énergie,

mais encore, dans nos pensées journalières, nous évitons instinctivement tout ce qui conduirait à une pareille contradiction ou la supposerait.

Quant à savoir si, en dernière analyse, on se trouverait amené à une conception mécanique de l'univers, ou si la notion d'énergie est plus élevée et plus générale que celle de force mécanique, c'est une question dont la solution ne préoccupait pas les esprits à cette époque. Non seulement cette question n'était pas discutée, mais encore elle n'était pas posée. La cause en est que, dans les milieux scientifiques, le matérialisme mécanique était considéré comme une doctrine pour ainsi dire inattaquable. Les phénomènes de la nature, pensait-on, trouvaient leur explication dans les lois mécaniques auxquelles étaient soumis les atomes, et ce n'était pas là une hypothèse dont l'exactitude eût besoin d'être démontrée, mais un postulat, qui devait être à la base des recherches scientifiques. Ce postulat n'empêchait pas d'introduire la loi de la conservation de l'énergie dans l'interprétation des phénomènes de la physique, puisqu'il contient cette loi ; c'est pourquoi, pendant très longtemps, on ne sentit pas le besoin d'en mettre la validité à l'épreuve. Mais ce besoin se manifesta dans les derniers temps, et notamment lorsque l'on vit les contradictions auxquelles on se heurtait en appliquant le matérialisme aux phénomènes psychologiques, contradictions si frappantes qu'elles amenèrent le physiologiste du Bois Reymond, ami de jeunesse et frère d'esprit de Helmholtz, à admettre l'existence dans l'univers d'énigmes absolument indéchiffrables. Mais nous reprendrons cette question plus loin pour l'examiner soigneusement.

CHAPITRE V

43. — Indépendamment de la série de considérations que nous venons d'exposer et qui a conduit à la notion de l'énergie comme entité indestructible et incréable, s'est développée une autre série de considérations, dont l'origine est beaucoup plus proche de nous, puisqu'elle ne remonte qu'au début du XIXe siècle. En raison de cette origine relativement récente, ces dernières considérations et les résultats auxquels elles ont abouti sont loin d'avoir pénétré aussi profondément et aussi complètement la conscience des hommes cultivés que ne l'a fait la loi de la conservation de l'énergie, loi que nous désignerons dorénavant sous le nom de *premier principe de l'énergétique*. Un signe qu'il en est bien ainsi, c'est qu'aujourd'hui encore des hommes ayant une culture scientifique acceptent sans protestation et même sans hésitation des idées qui sont en contradiction avec ce second principe, que nous allons faire connaître dans un instant. Nous ne nous sommes encore approprié qu'une partie

relativement faible des énormes trésors de connaissances que ce principe est capable de nous fournir. C'est qu'il n'y a pas encore beaucoup de savants qui puissent en explorer sûrement et fructueusement les profondeurs. Et, de même que l'on n'est en sécurité sur une bicyclette et qu'on ne peut s'en servir pour faire des excursions quelque peu longues que lorsque la pratique de cet instrument vous a appris à manier le guidon instinctivement, de même on ne tirera de ce second principe le profit considérable qu'il est capable de donner que lorsqu'on en utilisera le contenu d'une façon aussi instinctive qu'on utilise aujourd'hui déjà le contenu du premier principe.

44. — La découverte de ce second principe est due à un jeune ingénieur du nom de Sadi Carnot, né en 1796. Il était fils d'un homme éminent, L. M. N. Carnot, qui, après avoir, à l'époque de la Révolution française, organisé les armées de son pays et occupé des postes importants (en dernier lieu, celui de ministre de la Guerre), avait encore fait de grandes choses sous l'empire, pour finir par prendre le chemin de l'exil après la chute de Napoléon. C'est en Allemagne qu'il s'était établi. Son fils Sadi Carnot alla également en Allemagne, et cela à plusieurs reprises. Au sortir de l'Ecole Polytechnique, il embrassa la carrière militaire, à l'exemple de son père, mais il ne tarda pas à y renoncer pour se consacrer à des études personnelles. En 1824, c'est-à-

dire à l'âge de vingt-huit ans, il publia son ouvrage principal, qui est un opuscule intitulé *Réflexions sur la puissance motrice du feu*. Il mourut en 1832, sans laisser après lui de monument des travaux qu'il avait poursuivis depuis 1824.

45. — On est frappé qu'une découverte telle que celle du second principe ait pu être faite par un homme aussi jeune. Sadi Carnot, nous venons de le dire, avait vingt-huit ans lors de la publication de son mémoire. Quant à Mayer, à Joule et à Helmholtz, ils avaient respectivement vingt-cinq ans, vingt-six ans et vingt-cinq ans lorsque parurent leurs travaux. Aucun de ces grands novateurs n'avait donc atteint trente ans quand il se révéla. Or les époques où ces travaux parurent ne représentent pas celles où fut conçue la pensée maîtresse que contient chacun d'entre eux; il s'écoula un certain nombre d'années, à partir du moment où elle fut conçue, avant qu'elle fût assez mûrie et assez développée pour pouvoir être exposée, et que ces savants eussent trouvé moyen de publier leurs travaux. Nous éprouvons un véritable effroi en songeant combien ces maîtres de la science étaient jeunes au moment de leurs grandes découvertes. Nous sommes tellement habitués à considérer la science et la sagesse comme des privilèges d'un âge plus avancé que ces tout jeunes gens nous semblent presque avoir manqué de respect envers leurs aînés en se permettant de frayer à la science des voies nouvelles.

Il est donc bien prouvé que les progrès scientifiques les plus considérables peuvent être accomplis par de tout jeunes gens. On pourrait être tenté de penser que c'est par un hasard singulier et exceptionnel que le grand problème dont il est question ici doit sa solution aux travaux d'hommes encore tout jeunes ; mais il est facile de se convaincre que dans tous les domaines de la science il en est de même : la grande majorité des travaux qui ont orienté les sciences dans de nouvelles directions ont été accomplis par des jeunes gens qui venaient de dépasser l'âge de vingt ans.

Ce n'est pas ici le lieu de rechercher les causes ni les conséquences de ce fait étrange. Toutefois il nous a paru très utile de le rappeler. En effet, bien qu'il ait déjà été signalé de différents côtés, il est loin d'être généralement connu. Et cependant il serait très important que les personnes qui s'occupent d'instruire et de diriger la jeunesse le connussent, afin de pouvoir agir en conséquence. Car, les travaux de jeunes gens tels que ceux dont il est question ici étant, au premier chef, de nature à élever le niveau de la civilisation, il est essentiel que le mode d'organisation de l'instruction publique ne soit pas un obstacle à la production de ces travaux. Or, en Allemagne, si, après avoir passé par un gymnase, on suit les cours d'une université, on ne peut généralement pas terminer ses études avant d'avoir atteint sa vingt-cinquième année ; on voit que, dans notre pays, les conditions sont loin d'être favorables à l'éclosion de talents scientifiques originaux. Il vaudrait beaucoup mieux raccourcir de quelques

années le temps consacré aux études secondaires ;
(elles pourraient prendre fin après l'examen du
volontariat). On permettrait ainsi aux jeunes gens
de commencer de bonne heure à se développer
librement à l'université ou à une école supérieure, au lieu d'étouffer, comme on le fait maintenant, un nombre considérable, peut-être, de
talents scientifiques[1].

46. — Revenons aux études de Carnot. Ce
qui lui en donna l'idée, c'est l'importance industrielle que commençaient à prendre les machines
à vapeur. Grâce à ces machines, il était devenu
possible de faire des travaux que les moyens
jusque-là en usage n'auraient pas permis d'exécuter. Il était intéressant, tant au point de vue
pratique qu'au point de vue théorique, de chercher à se rendre compte des principes en vertu
desquels elles produisaient des effets si extraordi-
naires. Comme, à cette époque, on ne soupçon-
nait même pas le principe de la transformation
de la chaleur en travail, on ne saisissait pas du
tout comment la chaleur pouvait bien produire

1. Helmholtz n'avait pas 17 ans quand il passa son
examen de maturité. Aujourd'hui on ne peut plus le passer aussi jeune. Ce n'est qu'à une époque relativement
récente que l'on a pris le parti de reculer le terme des
études secondaires. Nous avons dit combien il serait avantageux qu'elles finissent plus tôt. On doit donc s'efforcer
d'obtenir que le temps qui leur est consacré soit abrégé.
C'est une des mesures les plus importantes que l'on puisse
provoquer dans le domaine de l'instruction publique.

du travail, ainsi que cela avait lieu dans les machines à vapeur.

Pour arriver à comprendre ce phénomène, Carnot compara la chaleur contenue dans les machines à l'eau qui coule sur les roues des moulins. De même que ce n'est pas l'eau en elle-même qui actionne la roue d'un moulin, mais seulement l'eau qui passe d'une position élevée à une position plus basse, de même la chaleur ne peut produire de travail que quand elle passe d'une position élevée à une position plus basse. Mais, parmi les propriétés de la chaleur, quelle est celle qui correspond à ce qu'est la position pour l'eau ? Carnot vit sans peine que c'était la température. De même que l'eau ne se met pas en mouvement quand une différence de pression ne lui en fournit pas la cause, de même la chaleur ne se met pas en mouvement quand elle n'y est pas forcée par une différence de température. Or une machine thermique ne peut fonctionner sans qu'il y ait passage de chaleur d'une partie de la machine à l'autre. En effet, dans toute machine de ce genre, il faut qu'un corps quelconque, solide, liquide ou gazeux, se dilate, de façon à mettre en mouvement les parties de la machine qui sont destinées à travailler. Il faut donc que la température de ce corps change, car, sans changement de température, il n'y aurait pas de dilatation, et, par suite, pas de mouvement de quelque sorte que ce soit.

Ces considérations conviennent parfaitement à leur objet ; leur importance dépasse de beaucoup celle d'une simple analogie superficielle ; elles posent les bases d'une conception générale, que nous ferons connaître plus loin, et qui vise toutes les espèces d'énergie sans exception. Toute énergie a une propriété caractéristique, qui est sa *force* ou son *intensité ;* l'intensité d'une énergie indique si cette énergie est en repos ou non. Pour l'eau du moulin à eau, l'intensité est représentée par la pression (qui est proportionnelle à la hauteur, et qui, par suite, est mesurée par elle) ; pour la chaleur, l'intensité est représentée par la température ; pour l'électricité, par la tension, etc. Par suite de l'état peu avancé des sciences à son époque, Carnot borne ses considérations à la chaleur, à propos de laquelle il expose plusieurs autres idées d'une extrême importance, et dont nous allons nous occuper maintenant.

47. — Il commence par emprunter à la mécanique, pour l'appliquer à ce nouveau cas, la notion bien connue de *machine idéale*, puis il entreprend de déterminer quelles sont les conditions qui doivent être remplies pour qu'une machine thermique travaille d'une façon idéale. Il découvre qu'à la perte de travail par le frottement, qui se produit dans les appareils mécaniques, correspond, pour les machines thermiques, une perte de travail par *conduction de chaleur*. En effet, quand de la chaleur passe simplement d'une partie de la machine à l'autre, sans être assujettie à produire en même temps du travail, il y a perte de travail. De même, par

conséquent, que, dans une machine parfaite, tout mouvement doit être déterminé par un excès infiniment petit de force ou de pression, afin que cette machine s'écarte infiniment peu de l'équilibre, de même, dans une machine thermique parfaite, tout transport de chaleur doit être déterminé par une différence de température infiniment petite. Mais comme, d'autre part, il doit y avoir, pour que l'on obtienne du travail, des différences de température finies, et même des différences de température aussi grandes que possible, il semble qu'on se trouve en présence d'une condition impossible à remplir. Pourtant Carnot montre, par les considérations suivantes, qu'elle peut être remplie. Quand un gaz se dilate en produisant du travail, il se refroidit; inversement, il s'échauffe quand on le comprime. Ces phénomènes permettent d'obtenir des différences de température qui ne sont pas réalisées par conduction de chaleur, et qui, par conséquent, ne sont pas liées à des pertes de travail. Pour s'effectuer d'une façon idéale, une opération doit être composée : d'une part, de changements de volume avec production de travail positif ou négatif et avec changements de température correspondants, mais sans échange de chaleur avec l'extérieur, d'autre part, de transports de chaleur déterminés par des différences de température infiniments petites. Une pareille opération est en même temps *réversible*, c'est-à-dire que, théoriquement, elle pourrait aussi bien se réaliser dans un sens que dans le sens opposé. Car on suppose pour les changements de volume, comme

pour les mouvements effectués par les appareils
mécaniques, que la pression à vaincre n'est
qu'infiniment peu inférieure à la pression du
travail ; une modification infiniment petite du
rapport de ces pressions pourrait donc faire
marcher la machine en sens inverse. Et les
transports de chaleur en sens inverse qui de-
vraient avoir lieu alors pourraient être déterminés par le changement de température infiniment
petit correspondant. En un mot, toute machine
idéale est réversible.

Enfin Carnot introduit ici la notion de cycle.
Un cycle se compose d'une série telle d'opérations qu'après l'accomplissement d'un nombre
déterminé de ces opérations toutes les parties de
la machine qui travaillent se retrouvent dans
leur état primitif. Il avait également emprunté
cette notion aux appareils mécaniques, qui ne
peuvent travailler d'une façon prolongée qu'à
cette condition. Les machines à vapeur, en particulier, sont toutes construites de telle façon que
leurs parties mobiles parcourent sans cesse le
même cycle de mouvements ; un cycle terminé,
elles en commencent un autre.

Combinant les deux notions de réversibilité
et de cycle, Carnot arrive à la notion de *cycle
réversible*, notion qui a puissamment servi à
pousser plus loin l'étude de la présente question.

48. — Imaginons maintenant un cycle déterminé réalisé par une machine thermique parfaite. Tout d'abord, ce cycle est caractérisé par

la température la plus haute et par la température la plus basse entre lesquelles il s'effectue. Prenons le cas le plus simple, celui où les transports de chaleur n'ont lieu qu'à ces deux températures extrèmes, que nous désignerons, la plus élevée par T_1, et la plus basse par T_2, et où tout l'intervalle est parcouru de la manière dite au moyen d'un refroidissement et d'un échauffement, avec production de travail mais sans conduction de chaleur. Maintenant considérons une révolution effectuée par la machine, révolution où il est reçu, à la température supérieure T_1, une quantité de chaleur Q et où il est fourni un travail A (A ne comprend pas la quantité de travail nécessaire pour accomplir la révolution et pour ramener la machine à sa position initiale). Le quotient du travail A par la quantité de chaleur Q s'appelle le rendement de la machine.

On pourrait être enclin à supposer que le rendement dépend absolument de l'espèce de machine considérée, et que, par suite, il peut prendre des valeurs presque quelconques. Mais ici encore on se trouve en face d'une de ces lois importantes qui proclament l'existence d'un invariant ; en effet, lorsqu'il s'agit d'une machine idéale ou parfaite, le rendement ne varie pas avec l'espèce de machine considérée. C'est ce que l'on peut prouver au moyen des considérations suivantes.

Soient deux machines idéales. Étant idéales, elles seront réversibles. Déterminons les quantités de chaleur Q_1 et Q_2 qu'il faut fournir respectivement à ces deux machines pour qu'elles produisent une même quantité de travail entre les mêmes températures. Ces deux grandeurs Q_1 et Q_2 sont ou égales ou inégales. Supposons d'abord qu'elles soient inégales et que Q_2 soit plus grand que Q_1. Faisons maintenant marcher la première machine dans le sens direct, de façon qu'elle absorbe la quantité de chaleur Q_1 et qu'elle cède le travail A. Par le moyen de ce travail, faisons marcher une autre machine dans le sens rétrograde, de sorte qu'elle reçoive le travail A et qu'elle cède la quantité de chaleur Q_2 à la température supérieure T_1. Le résultat de cette double opération est que tout le travail fourni par la première machine a été dépensé par la seconde, et qu'il a été cédé, à la température T_1, par la seconde machine, une quantité de chaleur plus grande que celle que la première a absorbée à cette température, de sorte qu'il y a un excès de chaleur à la température supérieure, sans qu'on trouve nulle part de dépense correspondant à cet excès. Comme cette chaleur en excès peut à son tour être utilisée pour la production de travail, on aurait un moyen de tirer de rien autant de travail que l'on voudrait. Or cela doit être regardé comme impossible, et, par suite, Q_2 ne peut pas être plus grand que Q_1.

Faisons maintenant l'hypothèse inverse, c'est-à-dire l'hypothèse : $Q_1 > Q_2$. Alors nous n'avons qu'à intervertir les rôles des deux machines, et nous nous retrouverons en face de la même conclusion, à savoir qu'une quantité indéfinie de chaleur pourrait être portée d'une température inférieure à une tempéra-

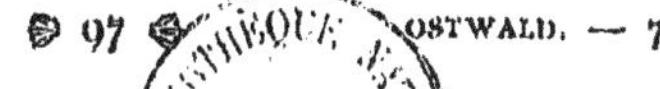

ture supérieure et être employée à la production de travail sans que l'on pût trouver une dépense correspondante. Q_1 ne peut donc pas non plus être plus grand que Q_2.

Q_1 est donc égal à Q_2, c'est-à-dire que la quantité de travail que l'on peut tirer, au moyen d'une machine thermique parfaite, d'une quantité de chaleur donnée, entre des températures données, est indépendante de la construction de la machine. Cette quantité de travail ne dépend que des températures. Elle est naturellement proportionnelle à la quantité de chaleur mise en jeu. Car, si l'on dispose d'une quantité de chaleur n fois plus grande que celle qui est supposée mise en jeu dans une machine donnée, on pourra, par son moyen, actionner n machines pareilles à la machine donnée, et obtenir ainsi une quantité de travail n fois plus grande.

49. — Carnot[1] ajoute ici les considérations suivantes, que je reproduis textuellement parce que c'est sur elles que repose tout son travail.

« On objectera peut-être ici que le mouvement perpétuel, démontré impossible par les seules actions mécaniques, ne l'est peut-être pas lorsqu'on emploie l'influence soit de la chaleur, soit de l'électricité; mais peut-on concevoir les phénomènes de la chaleur et de l'électricité comme dus à une autre cause qu'à des mouvements quelconques de corps, et comme tels ne

1. Carnot, *Réflexions sur la puissance motrice du feu.*

doivent-ils pas être soumis aux lois générales de la mécanique ? Ne sait-on pas d'ailleurs a posteriori que toutes les tentatives faites pour produire le mouvement perpétuel par quelque moyen que ce soit ont été infructueuses ? Que l'on n'est jamais parvenu à produire un mouvement véritablement perpétuel, c'est-à-dire un mouvement qui se continuât toujours sans altération dans les corps mis en œuvre pour le réaliser ?

L'on a regardé quelquefois l'appareil électro-moteur (la pile de Volta) comme capable de produire le mouvement perpétuel ; on a cherché à réaliser cette idée en construisant des piles sèches, prétendues inaltérables. Mais, quoi que l'on ait pu faire, l'appareil a toujours éprouvé des détériorations sensibles, lorsque son action a été soutenue pendant un certain temps avec quelque énergie.

L'acception générale et philosophique des mots *mouvement perpétuel* doit comprendre, non pas seulement un mouvement susceptible de se prolonger indéfiniment après une première impulsion reçue, mais l'action d'un appareil, d'un assemblage quelconque, capable de créer la puissance motrice en quantité illimitée, capable de tirer successivement du repos tous les corps de la nature, s'ils s'y trouvaient plongés, de détruire en eux le principe de l'inertie, capable enfin de puiser en lui-même les forces nécessaires pour mouvoir l'univers tout entier, pour prolonger, pour accélérer incessamment son mouvement. Telle serait une véritable création de puissance motrice. Si elle était possible, il serait inutile de chercher dans les courants d'eau et d'air, dans les combustibles, cette puissance motrice ; nous en aurions à notre disposition une source intarissable où nous pourrions puiser à volonté ».

50. — On voit une fois de plus par cet exemple que la loi naturelle de l'impossibilité du mouvement perpétuel a des conséquences positives considérables.

C'est une chose très digne de remarque que l'hésitation manifestée par Carnot au sujet du fondement à donner à cette loi. Résulte-t-elle *a priori* des lois de la mécanique, que l'on aurait le droit d'appliquer à des phénomènes non mécaniques, ou doit-elle être conclue *a posteriori* de l'expérience ? C'est ce qu'il ne décide pas. Or, comme le principe *mécanique* de l'impossibilité du mouvement perpétuel n'est lui-même, ainsi que nous l'avons montré, que l'expression d'une expérience très étendue, on voit que, si l'on s'arrête à la première de ces idées, on est néanmoins amené à reconnaître que c'est l'expérience qui démontre le principe général de l'impossibilité d'un pareil mouvement.

Il faut bien comprendre qu'étant donné son argumentation Carnot avait le droit de laisser ouverte, comme il l'a fait, la question de savoir *si, lorsqu'il y a production de travail, la quantité de chaleur diminue ou non.* Considérant une machine thermique comme analogue à une machine à eau, il était amené à la conclusion que la chaleur produit du travail par sa chute seule et qu'elle arrive à la température inférieure sans que sa quantité soit diminuée. Mais, bien qu'il mette au premier plan cette idée, qui s'accordait avec les vues des physiciens de l'époque, il doute si elle se vérifie partout. Si l'on relit à ce point de vue la démonstration de la page 96, on verra que ce ne sont que les quantités de chaleur entrant ou sortant à la température supérieure qui sont considérées, et qu'on n'a besoin de rien dire au sujet de celles qui sortent à la température inférieure. Ainsi s'explique le fait que les considérations de Carnot conduisent à un résultat exact (on sait qu'il a été aussi extrêmement fécond) bien que son hypothèse, que la quantité de chaleur qui sort de la machine est égale à celle qui y entre, ne soit pas conforme à la réalité.

Nous disons que cette hypothèse n'est pas conforme à la réalité. En effet, puisque la machine fournit du travail, il faut, d'après la loi de la conservation de l'énergie, (qui n'a été établie que dix-huit ans après la publication de l'opuscule de Carnot) qu'une quantité correspondante d'une autre énergie soit dépensée, énergie qui ne peut être que de la chaleur, puisque les deux seules énergies qui participent au phénomène sont la chaleur et le travail ; par conséquent, la quantité de chaleur qui sort à la température inférieure doit être moindre que celle qui a été reçue à la température supérieure, et cela d'une quantité équivalente à la quantité de travail produite.

Mais alors que reste-t-il de l'analogie entre une machine thermique et un moulin à eau, analogie dont la réalité a été expressément affirmée plus haut ? A cette question nous répondrons qu'il est légitime de comparer la pression avec la température, mais qu'il ne l'est pas de comparer la quantité de chaleur avec la quantité d'eau. Car la quantité de chaleur est une grandeur d'énergie et la quantité d'eau n'en est pas une. Pour que l'analogie soit exacte, il faut faire entrer en considération la grandeur d'énergie qui, dans le moulin à eau, correspond à la quantité de chaleur dans la machine thermique. Ce serait l'énergie totale de l'eau, et, en réalité, cette énergie totale se trouve, après que l'eau a quitté la roue, diminuée dans la proportion où cette roue a fourni du travail extérieur ; il en est d'elle comme de la quantité de chaleur qui sort de la machine de Carnot. Quant à la grandeur, envisagée en thermodynamique, que l'on pourrait comparer avec la quantité d'eau, elle est loin d'être encore familière au grand nombre. Elle a reçu le nom d'*entropie*, et elle joue un rôle important dans la théorie des phénomènes calorifiques. Mais l'emploi de cette grandeur n'a pas encore pénétré dans l'enseignement public, et, par suite, ne fait pas partie des connaissances des personnes d'une culture moyenne ; aussi se contentera-t-on de dire ici qu'elle est réellement comparable à la quantité d'eau en ce que, en passant par une machine (idéale), elle ne change pas au point de vue de la quantité.

On peut exprimer le résultat d'ensemble des

considérations de Carnot en disant que, lorsque de la chaleur produit du travail, la quantité de travail pouvant être obtenue dans le cas le plus favorable est premièrement proportionnelle à cette quantité de chaleur, mais, deuxièmement, dépend d'une façon déterminée de la température. Ainsi la température détermine le rendement, qui est indépendant de la nature particulière de la machine. Il devrait donc être possible d'établir une formule ou une table permettant de calculer, pour des températures données, le rendement de l'unité de chaleur pour une machine quelconque. Et, de fait, Carnot s'efforça, ainsi qu'il convient à un véritable chercheur, d'ajouter cette dernière et importante pierre à son monument. Mais, comme la science à son époque n'était pas assez avancée pour lui fournir les données nécessaires, il fut obligé de laisser inachevée cette partie de son œuvre, qui ne fut terminée que beaucoup plus tard par Clausius et par Thomson.

51. — Étant donné ce que nous avons vu dans des cas semblables, nous ne sommes pas étonnés, en étudiant l'histoire de cette découverte fondamentale, de constater qu'elle n'a pas fait la moindre impression sur les contemporains de Carnot. L'opuscule par lequel Carnot avait fait connaître ses recherches semble n'avoir été tiré qu'à un petit nombre d'exemplaires, car lorsque, plus tard, son importance fut connue, les savants pour lesquels il présentait le plus d'intérêt eurent

les plus grandes peines à se le procurer[1]. Il n'a tenu qu'à un fil des plus minces de la tradition scientifique qu'il ne fût complètement oublié. L'idée de Carnot fut d'abord reprise, huit ans après qu'il l'eut fait connaître, par un de ses compatriotes, l'ingénieur Clapeyron, qui la développa sous forme analytique; l'exposé de Clapeyron est utilisé aujourd'hui encore, presque tel quel, dans l'enseignement. A l'époque où il parut, il rencontra la même indifférence que le travail même de Carnot. Il n'attira pas davantage l'attention lorsque, en 1843, Poggendorff (peut-être pour compenser son refus d'insérer le mémoire de Mayer) le publia en allemand dans les *Annalen der Physik*. Ce n'est qu'après que des penseurs d'un mérite égal à celui de Carnot eurent dirigé leurs études vers ces problèmes, que fut renoué le fil de sa pensée, grâce au mémoire de Clapeyron. Ces penseurs étaient William Thomson (plus tard Lord Kelvin) et Robert Clausius. C'est de leurs travaux que nous allons nous occuper maintenant.

1. Un fait qui contribue à montrer combien était encore peu généralement connue, il y a quinze ans, l'importance de la découverte de Carnot, c'est que, à cette époque, il m'a été possible de trouver, chez un libraire faisant le commerce de livres anciens, un exemplaire parfaitement conservé de cet ouvrage si rare.

CHAPITRE VI

ÉNERGIE ET ENTROPIE

52. — Après que Mayer, Joule et Helmholtz
eurent publié leurs travaux fondamentaux sur le
premier principe, une contradiction étrange
s'était révélée. D'une part, on comprenait maintenant d'une façon très nette que les transformations réciproques de l'énergie reposent sur
une disparition et une apparition équivalentes,
de sorte que, en particulier, il est impossible
d'obtenir d'une façon quelconque un travail
d'aucune espèce sans qu'une quantité correspondante d'une autre énergie soit dépensée et dis-
paraisse du monde. D'autre part, en établissant
sa théorie, Carnot avait précisément fait l'hypothèse que, dans les machines thermiques, il ne
disparaît pas de chaleur, que la chaleur se transporte simplement de la température supérieure
à la température inférieure, et que ce processus
constitue une raison suffisante pour qu'il se développe du travail. On a montré plus haut, à la
vérité, qu'il importe peu pour le résultat des considérations de Carnot qu'on fasse l'une ou l'autre
de ces hypothèses ; mais ce fait n'avait pas encore

été établi à cette époque. Il est vrai qu'il n'y avait peut-être pas un seul savant qui se mît en peine de cette contradiction, car le travail de Carnot était oublié, à supposer qu'il eût jamais été connu. Mais, par suite des progrès de la science, elle finit par apparaître dans toute sa netteté.

Le premier à l'apercevoir fut William Thomson, plus tard Lord Kelvin, l'un des savants auxquels nous devons la conquête du domaine que nous explorons en ce moment. Né en 1824, il avait pour père un mathématicien éminent. Il est mort récemment, après avoir survécu à ses émules. Grâce à ses rapports avec Joule, auquel il semble avoir donné des conseils théoriques, dans les recherches faites par ce dernier sur l'équivalent mécanique de la chaleur, recherches que nous avons fait connaître, William Thomson fut conduit à s'occuper des problèmes dont il s'agit ici. Helmholtz décrit ainsi qu'il suit, dans une lettre adressée à sa femme en 1855, l'extérieur du savant anglais : « Je m'attendais à ce que William Thomson, qui est un des plus illustres représentants de la physique mathématique, eût un peu plus que mon âge, et je ne fus pas médiocrement étonné en voyant venir au-devant de moi un homme tout jeune encore, aux cheveux du blond le plus clair et à l'air timide. Il avait loué une chambre pour moi dans son voisinage ; je dus aller chercher mes bagages à l'hôtel et m'installer dans cette chambre... Il dépasse, au point de vue de la sagacité, de la clarté des idées et de la vivacité d'esprit, tous les plus grands hommes de science que j'aie appris à connaître jusqu'à présent ; à côté de lui, je me fais l'effet d'être un peu obtus. »

La première étude de William Thomson qui ait été inspirée par les idées de Carnot parut en 1849. La partie essentielle en est un calcul de la fonction de Carnot, c'est-à-dire d'une fonction générale de la température, qui exprime la relation existant entre la quantité de travail qu'on peut tirer d'une quantité déterminée de chaleur, et la température. Il avait à sa disposition, pour faire cette étude, les résultats des mesures de Regnault relatives aux propriétés [de la vapeur d'eau. Il en déduisit une série de valeurs numériques, sans toutefois établir une expression générale calculable de la fonction de Carnot. Après ce que nous avons vu au sujet de l'âge qu'avaient différents savants au moment où ils publièrent des travaux particulièrement originaux, nous ne nous étonnerons pas que Thomson n'eût que vingt-cinq ans lorsque parut cette étude.

Mais si le calcul que contient cette étude est encore inspiré par cette idée de Carnot que la quantité de chaleur qui sort d'une machine thermique est égale à celle qui y entre, Thomson n'en était pas moins arrivé à considérer comme très douteux qu'il fût possible de justifier cette idée scientifiquement ; il en doutait d'autant plus qu'il connaissait à fond les travaux publiés par Joule. Si, se disait-il, le simple passage de la chaleur d'une température supérieure à une température inférieure peut produire du travail, comment se fait-il qu'il ne se manifeste pas de travail quand la chaleur éprouve une chute de température par conduction ? Comme on ne voit pas que cette chute de température soit accompagnée d'aucun autre changement, il faudrait admettre dans la nature une véritable perte de possibilité de travail, perte qui ne semble guère concevable.

Si, malgré cela, il s'en tenait à l'hypothèse de Carnot, c'est qu'il lui semblait qu'il n'était pas encore possible de se tirer d'affaire sans elle. « Si nous abandonnons ce principe, dit-il, nous rencontrons d'innombrables autres difficultés, que nous ne pourrons surmonter sans de nouvelles recherches expérimentales et sans une reconstruction complète de la théorie de la chaleur. »

53. — Cette reconstruction fut bientôt après effectuée par Robert Clausius. Clausius était né en 1822 à Köslin, en Poméranie. Privat docent à l'Université de Berlin, il appartenait à un groupe de la société de physique où ces idées étaient très vivement discutées. Ses premiers travaux scientifiques se rapportaient à l'optique mathématique. A l'âge de vingt-huit ans, il étonna le monde scientifique par une étude d'une importance capitale intitulée : *Über die bewegende Kraft der Wärme und die Gesetze welche sich daraus für die Wärmelehre selbst ableiten lassen.* (Sur la force motrice de la chaleur et les lois que l'on

peut tirer de l'étude de cette question au profit de la théorie de la chaleur). Dans cette étude, publiée dans les Annales de Poggendorff, qui s'étaient ouvertes aux travaux relatifs à des sujets pareils, Clausius avait fait le pas que n'osait pas risquer W. Thomson, et réalisé la combinaison des idées de Mayer et de Carnot. Visant expressément la remarque de Thomson rapportée plus haut, il s'exprime ainsi : « Je ne considère pas ces difficultés comme si grandes... car, s'il est vrai qu'il faut apporter quelques changements au mode d'exposition en usage jusqu'à présent, je ne puis rien trouver dans ces changements qui soit en contradiction avec des faits démontrés. Il n'est même pas nécessaire de rejeter complètement la théorie de Carnot, ce à quoi l'on aurait certainement de la peine à se résoudre, puisqu'une partie de cette théorie a reçu de l'expérience une confirmation éclatante. Un examen approfondi montre que ce n'est pas le principe fondamental de Carnot qui est en opposition avec la nouvelle manière d'envisager les choses, mais le principe qu'il y a ajouté, et d'après lequel il ne se perdrait pas de chaleur, car, lorsqu'il y a production de travail, il peut fort bien se faire à la fois qu'une certaine quantité de chaleur soit dépensée et qu'une autre quantité soit transportée d'un corps chaud à un corps froid, et ces deux quantités de chaleur peuvent avoir un rapport déterminé avec la quantité de travail produite. Cela apparaîtra plus clairement encore dans ce qui suit, et l'on verra que non seulement les conclusions tirées de ces deux hypothèses peuvent exister côte à côte, mais qu'encore elles se prêtent un mutuel appui. »

Le résultat le plus important que contenait le travail de Clausius était la démonstration que la fonction de Carnot est représentée par l'inverse de la *température absolue*, c'est-à-dire de la température comptée à partir de — 273° au-dessous du point de congélation de l'eau. Clausius arriva à ce résultat fondamental en faisant les calculs relatifs à un cycle de Carnot dans le cas d'un gaz idéal ; il se servit à cet effet des études faites depuis Carnot sur les propriétés des gaz réels, notamment de celles de Regnault ; par une extrapolation légitime, il passa des gaz réels au cas limite du gaz *idéal*, c'est-à-dire obéissant exactement aux lois simples établies pour les gaz. Comme le rendement ne dépend pas de la construction de la machine, ce résultat a une portée tout à fait générale. Il prouva en outre que les valeurs de cette fonction déterminées par W. Thomson d'une façon purement expérimentale s'accordent, dans les limites des erreurs d'expérience, avec le résultat auquel il était parvenu par la théorie. Sous sa forme la plus simple, la loi naturelle ainsi mise en évidence s'exprime ainsi : si une machine idéale travaille entre deux températures données, la fraction de la chaleur qui est transformée en travail est égale à la différence de ces deux températures, divisée par la température absolue la plus élevée. Considérons la figure ci-dessous. Les températures y sont portées de bas en haut, et les rectangles représentent les quantités de chaleur correspondantes.

Si T_1 et T_2 sont les deux températures entre lesquelles la machine travaille, la chaleur transformée en travail est donnée par le rectangle $T_1T_1T_2T_2$, et la quantité totale de chaleur est représentée par le rectangle T_1T_1OO.

En regardant cette figure, on songe aussitôt à la machine à eau, à laquelle Carnot avait comparé la machine thermique et qui lui avait servi de point de départ dans ses réflexions. Les hauteurs représentant les hauteurs d'eau (plus exactement les pressions hydrostatiques correspondantes), et la quantité d'eau, qui reste invariable, (plus exactement le volume d'eau, qui, multiplié par la pression, représente le travail) est figurée par la ligne T_1T_1, qui s'abaisse du niveau supérieur T_1T_1 au niveau inférieur T_2T_2. La position OO représente la position la plus basse qu'on puisse imaginer, celle jusqu'à laquelle l'eau pourrait descendre dans le cas extrême. C'est là pour la température le zéro absolu; pour la pression il n'existe pas de pareil point déterminé sans ambiguïté.

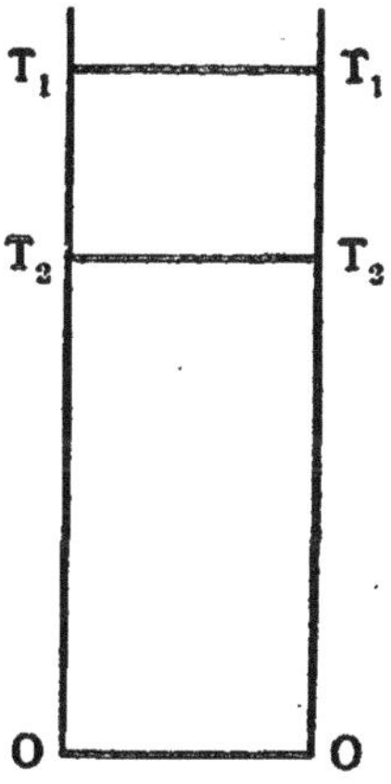

54. — Il faut encore se demander quelle est la signification des lignes T_1T_1 ou T_2T_2 et OO dans la théorie de la chaleur. Elles ne figurent pas les quantités de chaleur elles-mêmes, car celles-ci

sont représentées par les rectangles. Elles figurent une grandeur qui, multipliée par la température, donne la quantité de chaleur ; on trouvera donc cette grandeur en divisant la quantité de chaleur par la température.

L'étude de cette grandeur fait l'objet d'un second mémoire de Clausius, publié quatre ans après le premier. Ses travaux ayant un caractère tout analytique, l'existence de cette grandeur ne lui avait pas été révélée par une représentation graphique. Dans ses calculs, il avait vu apparaître souvent une certaine fonction ; cette fonction était donc importante. Il reconnut qu'elle pouvait se mettre sous la forme du quotient de la quantité de chaleur mise en jeu par la température absolue à laquelle cette quantité de chaleur est mise en jeu, et qu'il ressortait des formules que, dans toutes les opérations réversibles, ce quotient reste constant. D'une part, il constatait que cette fonction représentait la quantité de chaleur mise en jeu multipliée par la fonction de Carnot, c'est-à-dire une grandeur liée de la façon la plus étroite à celles que l'on avait à envisager quand on étudiait la question de savoir quelle fraction de la chaleur mise en jeu était transformable en travail. D'autre part, il avait établi que la fonction de Carnot était l'inverse de la température absolue ; donc la fonction qu'il avait découverte pouvait se mettre sous la forme $\frac{Q}{T}$, c'est-à-dire sous la forme du quotient de la quantité de chaleur mise en jeu par la température absolue à laquelle elle est mise en jeu.

Comme elle lui était apparue souvent dans ses calculs, ainsi que nous l'avons dit, il lui attribua un nom particulier ; il l'appela *entropie*. La figure montre immédiatement que, dans les cycles réversibles, la variation totale de l'entropie est égale à zéro, la variation d'entropie $T_1 T_1$ à la température supérieure T_1 étant égale à la variation inverse $T_2 T_2$ à la température inférieure T_2.

Mais si, dans les cycles idéals ou réversibles, l'entropie ne varie pas, elle éprouve, au contraire, des variations dans les opérations réelles de toute espèce que l'on peut ordonner en cycles (en cycles non réversibles), et ces variations ont lieu dans un sens unique : l'entropie ne peut devenir que plus grande, jamais plus petite. Comme la partie non réversible de toute opération thermique peut toujours, en dernière analyse, être ramenée à une conduction de chaleur, il suffit de démontrer ce fait dans le cas d'une pure conduction de chaleur. Soient deux corps ayant les températures T_1 et T_2. Supposons que, par conduction, ils prennent une température intermédiaire commune T_m. En vertu de cette conduction, une quantité de chaleur déterminée Q_1 abandonne le corps le plus chaud et passe dans le corps le plus froid ; la température du premier s'abaisse jusqu'à T_m ; celle du second s'élève jusqu'à T_m. On ne peut pas établir d'expression élémentaire de la variation correspondante de l'entropie, parce que les opérations s'effectuent à des températures variables. Mais on peut dire ce qui suit. Considérons une petite quantité de chaleur qui, à un moment quelconque, passe du premier corps dans le second. Comme elle *abandonne* le premier corps et qu'elle est reçue par le second, elle doit être comptée comme négative par rapport au premier et comme positive par rapport au second. La variation d'entropie du premier corps est donnée par l'expression $\dfrac{-dQ}{T_1'}$, T_1' étant compris entre T_1 et T_m; celle du second, par $\dfrac{+dQ}{T_2'}$ T_2' étant compris entre T_2 et T_m; T_1' est toujours plus grand que T_2'; donc $\dfrac{dQ}{T_1'}$ est toujours plus petit que $\dfrac{dQ}{T_2'}$, de sorte que la somme de $\dfrac{-dQ}{T_1'}$ et de $\dfrac{+dQ}{T_2'}$ est nécessairement positive. *Par conséquent, dans toute conduction de chaleur, l'entropie augmente; par conséquent aussi tout cycle naturel, tout cycle non idéal comporte une augmentation d'entropie.*

55. — William Thomson a tiré de ce dernier fait une conclusion remarquable, sur laquelle il a fortement appuyé. Étendons de plus en plus le système considéré, de sorte qu'il finisse par comprendre l'univers tout entier ; eh bien, en vertu de la loi d'après laquelle, dans toutes les opérations naturelles, l'entropie augmente inévitablement, ce système ne peut à aucun moment reprendre exactement aucun de ses états antérieurs. A supposer que toutes les autres choses aient été ramenées, dans les limites du pos-

sible, à un de leurs états antérieurs, l'entropie, dans le cycle ainsi achevé, aura nécessairement augmenté dans une mesure correspondant aux conductions de chaleur qui s'y seront effectuées. Or cela veut dire que les différences de température existant dans l'univers et les sources de changements naturels correspondantes à ces différences de température auront diminué. Si l'on s'imagine ce processus se poursuivant de plus en plus loin, il devra arriver un moment où toute différence de température se sera effacée et où toutes les causes qui peuvent déterminer des différences de température (comme, par exemple, les processus chimiques) auront cessé pour toujours d'exister. A ce processus qui se poursuit constamment et dans le même sens Thomson donne le nom de *dissipation*, et il arrive à la conclusion que la fin de l'univers se produira sous la forme d'un état d'énergie dissipée, où il ne se passera plus rien.

Cette conclusion a fait beaucoup de bruit ; elle en a fait d'autant plus que Helmholtz et Clausius s'y sont ralliés. Nous devons à ce dernier la formule suivante : *l'entropie de l'univers tend vers un maximum*. On a fait remarquer qu'il est impossible de rien affirmer au sujet de l'ensemble de l'univers, attendu qu'on ne le connaît pas et qu'il existe peut-être des espaces ou règnent des conditions insoupçonnées. Mais la seule chose qui nous importe, c'est de savoir si la conclusion ci-dessus est exacte pour la partie de l'univers que nous connaissons ; or nous constatons que toutes les opérations que nous connaissons ont bien lieu dans le sens d'une augmentation de l'entropie. Si donc la conclusion ci-dessus ne peut se justifier quand on l'applique à l'univers entier, elle est exacte quand on l'applique à la terre ; même en supposant que la chute des corps célestes lui amène de temps à autre de grandes quantités d'énergie, les provisions d'énergie dont la terre disposera ne pourront pas augmenter ; elle ne pourront que diminuer.

Ce qui précède se trouve confirmé par une remarque de Descoudres. Il a fait observer que, si toutes les opérations terrestres ne s'effectuent que dans un sens, c'est en vertu du principe de la diminution de l'entropie. Les opérations purement mécaniques peuvent se dérouler en deux sens opposés, tandis que les opérations terrestres, particulièrement celles qui sont relatives à des phénomènes vitaux (mais aussi celles de la nature inanimée, comme, par exemple, les changements géologiques) ne se déroulent jamais que dans un sens. C'est ainsi que les êtres animés, plantes et animaux, vieillissent et ne rajeunissent jamais ; c'est ainsi que les mouvements des eaux à la surface de la terre agissent toujours dans un sens tel que les fragments de roches sont portés à la mer et jamais dans un sens tel que ces fragments servent à accroître la hauteur des montagnes, etc. Par conséquent, tandis que les lois mécaniques ne fournissent pas d'indication sur la direction unique que possède le temps, cette direction est marquée par l'augmentation inévitable de l'entropie, et le fait que les opérations terrestres s'effectuent toujours dans le même sens

démontre l'exactitude de la loi de l'entropie, ou,
pour employer l'expression de Thomson, la dissipation progressive de l'énergie.

56. — C'est aussi Thomson qui a fait prévaloir
le nom d'énergie, et qui a introduit la notion
suivant laquelle un corps donné a une énergie
propre. Le nom d'énergie est, il est vrai, très
ancien. Aristote l'employait déjà dans un sens
qui — en faisant abstraction, bien entendu, de
l'indétermination des connaissances scientifiques
de son époque — correspond à plusieurs égards
à l'acception la plus moderne de ce nom. Au
commencement du xixe siècle, le physicien
anglais Th. Young en a fait usage, dans un
esprit de vulgarisation, au lieu de celui de force
vive ; c'est dans le même esprit que Thomson
l'a réintroduit dans la science.

La notion d'énergie propre, que nous devons,
comme il vient d'être dit, à Thomson, nous fait
entrer dans un ordre d'idées d'une grande importance. A la vérité, il y eut au début un peu de
flottement dans la manière dont fut appliquée
cette notion, qui correspond en partie à ce que
l'on appela plus tard *énergie libre*. Jusqu'alors,
on avait regardé l'énergie comme une fonction
mathématique, tout au plus comme quelque
chose de lié aux corps d'une manière plus ou
moins lâche. Il en est bien ainsi, d'ailleurs, de
certaines formes d'énergie, comme l'énergie électrique, et aussi, dans une certaine mesure, la
chaleur ; mais, par contre, l'énergie chimique

est indissolublement liée aux corps ; on ne peut même pas se la représenter indépendante de toute énergie de pesanteur. Thomson appuie sur l'idée que chaque état d'un corps est caractérisé par une valeur tout à fait déterminée de son énergie, qu'à telle valeur de son énergie correspond toujours pour lui le même état. On ne peut, il est vrai, déterminer la valeur de l'énergie totale d'aucun corps quel qu'il soit, attendu qu'on ne peut produire chez aucun corps un état où il soit libéré de toutes ses énergies. Mais on peut déterminer les différences que présente cette valeur quand on passe d'un état d'un corps à un autre, et la connaissance de ces différences suffit pour résoudre les questions qui se posent au sujet des actions réciproques des corps.

La notion d'énergie propre a fait l'objet de nombreuses discussions, et de ces discussions il est ressorti que le problème de déterminer séparément les différentes énergies qui peuvent se trouver dans un corps offre de grandes difficultés, même au point de vue théorique. D'autre part, les études approfondies que l'on a poursuivies dans cette direction ont abouti à ce résultat que l'on a vu le « corps » disparaître de plus en plus complètement à côté des énergies qui se trouvent en lui, de sorte qu'on a appris à représenter les corps comme des agrégats ou des complexus d'énergies n'ayant aucun support quel qu'il soit; un pareil support, en effet, serait dépourvu d'énergie, et par conséquent aussi de toute propriété.

CHAPITRE VII

L'ÉNERGÉTIQUE

57. — On entend par énergétique le développement de cette idée que tous les phénomènes de la nature doivent être conçus et représentés comme des opérations effectuées sur les diverses énergies. La possibilité d'une pareille « description » de la nature ne put être imaginée que lorsqu'eut été découverte la propriété générale que possèdent les différentes formes d'énergie de pouvoir se transformer les unes en les autres. Robert Mayer fut donc le premier qui put envisager cette possibilité.

Jusqu'à lui, tous les savants adhéraient à la conception *mécaniste*, c'est-à-dire à l'idée que les phénomènes naturels sont tous, en dernière analyse, de nature mécanique, qu'il n'en est pas qui ne puissent se ramener à des mouvements de la « matière ». Là où l'on ne pouvait pas démontrer l'existence de ces mouvements, comme dans le cas de la chaleur ou de l'électricité, on admettait qu'ils se produisaient dans les atomes, c'est-à-dire dans des particules si petites qu'elles échappent à l'observation directe. Leibniz, en particulier, Leibniz, le meilleur mathématicien et physicien parmi les philosophes et le meilleur philosophe parmi les mathématiciens et les physiciens, ne mettait pas en doute l'exactitude de cette conception, et les difficultés et les contradictions que l'on rencontre dans ses théories proviennent pour la plus grande partie de ce qu'il se laisse guider par elle. Aujourd'hui encore, il y a un très grand nombre de physiciens qui, comme leurs devanciers d'il y a deux mille ans (Démocrite et Lucrèce), voient dans la « mécanique des atomes » le dernier mot de la science.

L'hypothèse mécaniste a deux inconvénients très considérables ; d'abord elle force d'adopter un grand nombre d'autres hypothèses indémontrables, et ensuite elle est impuissante à faire comprendre la liaison qui existe incontestablement, car nous la constatons journellement, entre les phénomènes physiques dans le sens étroit du mot et les phénomènes *psychologiques*.

58. — Faisons ressortir au moyen de quelques considérations générales fort simples le premier de ces inconvénients. Commençons par envisager les deux questions suivantes : Que vise la science ? Comment atteint-elle ses buts ?

A la première question nous répondrons ainsi : la science vise la connaissance des phénomènes, si l'on désigne par phénomènes toutes les expériences dont un homme peut faire part à un autre. Nous disons qu'un phénomène nous est connu quand les parties dont il se compose et l'ordre dans lequel ces parties se succèdent ne sont plus nouveaux pour nous, quand nous avons déjà eu, sous une forme quelconque, l'expérience de quelque chose de pareil, et que nous reconnaissons au moyen de la mémoire la concordance de l'expérience actuelle avec l'expérience antérieure. Cette reconnaissance nous permet, en particulier, quand le phénomène est encore à son début, de prévoir la marche qu'il prendra, de sorte que, s'il intéresse notre bien-être d'une façon quelconque, nous pouvons prendre des mesures pour le diriger de la façon la plus avantageuse pour nous. Ce qui fait l'importance biologique extrèmement considérable de la science, c'est que c'est grâce à elle que le monde est devenu habitable pour nous et qu'il le devient de plus en plus.

Le procédé employé dans la science pour rendre accessible à tous la connaissance d'un phénomène est le procédé des signes ; le langage est une modalité importante de ce procédé. Comme on ne peut pas montrer à autrui les réalités elles-mêmes, il est indispensable que l'on possède un moyen de lui rappeler les réalités qu'il connaît par expérience. Dans ce but, on attribue à chacune des choses dont se composent les expériences un signe déterminé, qui évoque le souvenir de la chose, et l'on représente les rapports des choses entre elles par des rapports correspondants entre les signes.

Par exemple, la formule $p\,v = R\,T$, composée de signes qui, en eux-mêmes, sont absolument arbitraires, apprend à celui qui connaît ces signes de quelle façon se comportent tous les gaz quand leur pression et leur température varient ; elle remplace donc pour lui un nombre illimité d'observations particulières ; elle condense dans un espace étroit les recherches de nombreux physiciens. S'il peut en être ainsi, c'est qu'on a attribué exactement aux signes composant cette formule les propriétés des grandeurs qu'ils remplacent. p, v, R et T sont des variables qui, dans des limites très étendues, peuvent prendre n'importe quelle valeur. R ne dépend que de la quantité du gaz, et, pour une quantité déterminée du gaz, conserve sa valeur, quelques variations que subissent les autres grandeurs. Comme il y a encore trois autres grandeurs variables, il n'y en a plus que deux auxquelles on puisse donner des valeurs arbitraires ; après qu'on a attribué des valeurs arbitraires à ces variables et qu'on a introduit ces valeurs dans la formule, cette formule fournit la troisième valeur, qui concorde avec celle que donne l'expérience. Par exemple, si, outre R, on fait encore T constant, la formule exprime la loi de Boyle, qui dit que le volume des gaz est inversement proportionnel à la pression, ou que le produit du volume d'un gaz par sa pression est une grandeur constante. Si l'on fait p constant, on tombe sur la loi de Gay-Lussac, d'après laquelle le volume des gaz est proportionnel à leur température absolue, etc.

Si ce petit nombre de signes contient tant de choses diverses, c'est qu'on a établi une fois pour toutes certaines règles, qui servent à mettre en relations les unes avec les autres les grandeurs correspondant aux signes, relations variant avec l'arrangement de ces signes. Il s'agit donc là d'une véritable représentation de la réalité par des signes, auxquels on a attribué la variabilité et la capacité de s'influencer réciproquement que l'on observe dans les grandeurs naturelles. Par conséquent une formule, grâce aux règles générales qui ont été posées relativement au sens des signes qu'elle contient, remplace le phénomène lui-même jusqu'à un certain degré, degré qui peut parfois être très élevé, et elle permet, en particulier, de faire des prédictions que l'expérience confirme.

59. — Une pareille formule, ou, ce qui revient au même, une pareille loi naturelle, est évidemment d'autant plus utile, d'autant plus précieuse qu'elle est plus générale et plus déterminée, c'est-à-dire que la sphère de ses applications est plus grande et qu'elle donne plus d'indications sur chaque chose comprise dans cette sphère. La valeur scientifique de toute tentative pareille de condenser la réalité dans une formule ou de la figurer par une formule a donc pourcritériums la plus ou moins grande généralité de la formule que l'on arrive à établir et la plus ou moins grande richesse de son contenu. Nous allons appliquer ces critériums à l'énergétique et au mécanisme.

Commencons par le mécanisme. A l'aide des principes de la mécanique, et particulièrement à l'aide de la loi des travaux virtuels et de celle de la constance de la somme de la force vive et du travail, nous pouvons prédire la manière dont se comporteront tous les systèmes mécaniques (dans beaucoup de cas, toutefois, comme, par exemple, dans celui du problème astronomique des trois corps, les moyens que fournissent les mathématiques ne suffisent plus à résoudre le problème sous sa forme générale). Nous pouvons donc déclarer la mécanique suffisante au point de vue de la précision des renseignements qu'elle donne. S'il y a des problèmes relatifs à des systèmes mécaniques qu'elle n'est pas encore arrivée à résoudre, nous comptons qu'elle les résoudra plus tard.

Maintenant, les théories mécaniques sont-elles d'une application suffisamment générale ? Eh bien non, il n'y a pas de doute qu'elles ne le soient pas. Il faut d'abord faire remarquer que, parmi les phénomènes qui nous sont connus, il n'y en a que relativement peu (la majorité des phénomènes astronomiques) qui satisfassent aux lois mécaniques. Aucun des phénomènes terrestres n'obéit ni à la loi des travaux virtuels ni à celle de la conservation de la force vive. Nous connaissons d'innombrables systèmes qui sont en équilibre bien que les travaux virtuels y soient différents de zéro, et nous ne connaissons pas de système terrestre qui obéisse à la loi de la conservation. Nous expliquons ces faits par le *frottement*. Le problème qui se pose ici est donc de faire rentrer les phénomènes du frottement dans les lois mécaniques. On a introduit, dans ce but, des « forces mécaniques de frottement », mais on n'a réussi — et il ne pouvait en être autrement — qu'à porter atteinte aux deux lois fondamentales des travaux virtuels et de la conservation de la force vive. Ces contradictions ne disparurent de la science qu'après que Robert Mayer eut montré qu'à côté du travail mécanique et de la force vive il existe d'autres choses encore, que le travail mécanique et la force vive peuvent se transformer en ces choses, et, en particulier, que, dans le frottement, il y a transformation de ces énergies mécaniques en chaleur.

Deux moyens s'offraient aux savants qui voulaient tenter de faire disparaître ces contradictions. L'un d'eux fut adopté par Helmholtz, Joule et la pléiade des savants qui marchèrent sur leurs traces. Il consistait à étendre l'antique conception mécaniste aux domaines non mécaniques ; la loi générale de l'énergie se présentait ainsi comme une conséquence de la nature supposée mécanique de ces domaines. N'avait-il pas été établi, en effet, que cette loi s'appliquait aux systèmes mécaniques, au moins comme loi limite ? L'autre moyen fut employé par R. Mayer. *Il consistait à regarder les phénomènes mécaniques comme constituant seulement un cas particulier des transformations générales de l'énergie*, qui sont toutes soumises à la loi de la conservation. Dès lors, les lois mécaniques en question n'étaient plus que des cas particuliers de la loi générale de l'énergie ; elles n'étaient valides que là où n'entraient pas en jeu d'autres énergies que des énergies mécaniques. Cela expliquait pourquoi les lois mécaniques de conservation ne se vérifient jamais d'une façon absolue dans les opérations terrestres. Il n'y a pas, en effet, d'opérations terrestres qui soient tout à fait exemptes de transformations d'énergie mécanique en formes non mécaniques d'énergie, et, par suite, il n'y en a pas auxquelles ces lois, qui ne sont valides que dans l'hypothèse où il ne se produit pas de pareilles transformations, s'appliquent strictement. Il en va autrement des phénomènes astronomiques ; là les énergies mécaniques sont si énormes et les possibilités de transformation de ces énergies mécaniques en des énergies d'autres espèces sont si minimes que pratiquement on peut concevoir et représenter ces phénomènes comme des phénomènes purement mécaniques [1].

60. — Etant donné les considérations que nous avons développées précédemment, on n'hésitera pas sur la question de savoir laquelle de ces deux conceptions doit être préférée. Pour figurer comme il convient les phénomènes physiques, il faut que l'on façonne de telle sorte la matière servant à les figurer qu'elle reproduise strictement les propriétés du modèle. Si l'on essaye de faire une pareille copie au moyen d'une matière qui possède déjà par elle-même des propriétés de forme déterminées, on introduit dans le résultat des éléments étrangers, des éléments qui n'appartiennent pas à la nature du modèle, mais à celle de la matière. Dans le cas dont il s'agit ici, les choses se présentent ainsi. Le mouvement spatial fait partie de l'essence des opérations mécaniques. Or de ce qu'un corps est

---

1. Cela ne se peut déjà plus dans le cas des comètes.

chargé d'électricité il ne s'ensuit pas qu'il manifeste aucun mouvement; aussi, pour pouvoir décrire son état au moyen des idées fournies par la mécanique, on est obligé de lui *prêter* un mouvement, un mouvement invisible. Tout mouvement a des directions et des vitesses déterminées; on est donc encore obligé de prêter à ce mouvement invisible certaines directions et certaines vitesses, et, comme on ne peut pas constater et mesurer ces directions et ces vitesses, on se trouve placé en face du problème suivant : que sont ces mouvements et comment peut-on les déterminer? Si ce problème se pose, ce n'est pas le moins du monde, ainsi qu'on le voit, en vertu de la nature du phénomène à représenter, car puisque, dans ce phénomène, il ne se manifeste aucun mouvement, on peut le représenter sans faire le moindre usage de la notion de mouvement. Ce problème est né uniquement de l'hypothèse arbitraire que l'on a affaire à un phénomène mécanique, alors qu'il n'en est rien. C'est là, dans toute la force du terme, un pseudo-problème pour employer une expression très juste de E. Mach.

Ainsi s'explique qu'un pareil travail d'ajustement n'ait jamais abouti à un résultat satisfaisant, et que toutes les hypothèses mécaniques émises jusqu'à présent au sujet des différentes espèces d'énergie se soient, tôt ou tard, montrées insuffisantes. Dans de vastes domaines de la physique, elles sont aujourd'hui abandonnées. On a commencé à les y remplacer par des hypothèses électriques; mais, si l'on considère le sort qu'ont eu les hypothèses électriques en chimie, on ne pourra pas se livrer à de grandes espérances au sujet de celui qui les attend en physique.

61. — En face de la conception mécaniste se dresse celle de Mayer, que nous appellerons la conception énergétique parce qu'elle est fondée essentiellement sur la notion d'énergie. Elle s'appuie sur le fait que les énergies sont réellement différentes. C'est là un fait incontestable, car, si les énergies n'étaient pas différentes, nous ne pourrions pas les distinguer les unes des autres. On peut très bien concevoir qu'il nous soit impossible d'apercevoir des différences entre des choses que des êtres d'une organisation supérieure à la nôtre (des êtres tels que ceux que nous devenons nous-mêmes en faisant usage d'instruments d'observation perfectionnés) reconnaissent comme différentes. Mais il est inadmissible que des choses que nous reconnaissons comme différentes puissent être identiques, car, si elles l'étaient, il n'y aurait évidemment aucune raison pour qu'elles agissent de façons différentes sur nos organes des sens, en supposant, bien entendu, des états comparables de ces organes. Ainsi, de ce que nous savons distinguer l'énergie électrique de la force vive et le travail de la lumière, nous pouvons conclure en toute assurance que ces énergies sont différentes.

La science doit prendre à tâche de faire ressortir ces différences avec la plus grande netteté et la plus grande exactitude, ne fût-ce que pour obtenir une représentation juste des réalités. En admettant que toutes les énergies sont des énergies mécaniques, on travaille directement à l'encontre de cette tâche scientifique, car on efface les différences existantes au lieu de les faire ressortir, et l'on introduit dans la représentation du phénomène à étudier des particularités qui n'appartiennent pas au phénomène lui-même, mais seulement à ce que l'on y ajoute arbitrairement, c'est-à-dire aux hypothèses que l'on fait à son sujet. Or les hypothèses, Newton les repousse. « Hypotheses non fingo », déclare-t-il. Aussitôt après s'être exprimé ainsi, il explique ce qu'il entend par hypothèse. « Tout ce qui ne ressort pas des phénomènes est une hypothèse, et les hypothèses, qu'elles soient métaphysiques ou physiques, mécaniques ou relatives à des qualités occultes, ne doivent pas être admises dans la physique expérimentale. Dans cette science, on conclut les principes des phénomènes, et on les généralise au moyen de l'induction. » Il n'est pas possible de mieux caractériser la méthode de l'énergétique : elle conclut des phénomènes les propriétés des différentes espèces d'énergie, et généralise ces propriétés au moyen de l'induction. Par induction on entend une manière de raisonner qui consiste à conclure de la concordance des résultats fournis par l'observation d'une série de cas que l'observation de tous les cas correspondants qui pourront se présenter à l'avenir fournirait des résultats identiques à ceux de cette série. Il s'est passé plus d'un demi-siècle depuis

la découverte de la loi de la tranformation de
l'énergie, et, pendant cette période, on a fait
plus d'expériences et de mesures que dans tous
les siècles précédents ; et pourtant on n'a jamais
observé de fait qui ne s'accordât avec la loi de la
conservation de l'énergie. On a pu démontrer
cette concordance jusque pour des phénomènes
qui, entrés depuis peu dans le domaine de notre
expérience, semblaient, tant qu'ils étaient mal
connus, démentir absolument cette loi (citons,
par exemple, le dégagement constant de chaleur
présenté par le radium), et l'on n'a même pas été
obligé, comme dans le cas de la plupart des lois
naturelles, de laisser à l'avenir le soin de faire
disparaître quelques contradictions.

62. — Ainsi l'on doit regarder Robert Mayer
comme le premier en date des énergétistes. A ses
yeux, l'énergie est un objet réel, et il la place,
comme telle, à côté de la matière, dont, pour lui,
elle se distingue par son impondérabilité (cf. p. 65).
Il écarte en ces termes l'hypothèse d'après
laquelle l'essence de la chaleur serait le mouvement : « Nous conclurions plutôt le contraire,
c'est-à-dire que, pour pouvoir se transformer en
chaleur, le mouvement doit cesser d'être du mouvement. » L'indépendance des différentes espèces
d'énergie, qu'il proclame, est un fait aussi important que leur capacité de se transformer les
unes en les autres.

Dans son principal ouvrage, il donne, le premier, un tableau des diverses espèces d'énergie

connues. Quoique les progrès de la science aient apporté bien des changements dans ce domaine, on a reproduit ici le tableau de Mayer à cause de son intérêt historique.

I.	FORCE DE CHUTE.	*force mécanique.*
II.	MOUVEMENT.	*effet mécanique.*
	A. *Simple.*	
	B. *Ondulatoire, vibratoire.*	
III.	CHALEUR.	
IV.	MAGNÉTISME.	
	ÉLECTRICITÉ, COURANT GALVANIQUE.	
V.	SÉPARATION CHIMIQUE DE CERTAINES MATIÈRES.	*forces chimiques.*
	Réunion chimique de certaines autres matières	

(Groupe III-IV : *Impondérables.*)

63. — Un trait qui contribue à faire de Mayer un véritable énergétiste, un énergétiste ayant l'esprit moderne, c'est son aversion pour les hypothèses. Il écrit à son ami Baur ces mots caractéristiques : « Une hypothèse, c'est ce que fait un algébriste quand, à la place de l'x de son problème, il met un u. » On ne peut pas indiquer d'une façon plus frappante à quelles explications illusoires conduisent les hypothèses, qui substituent une image possible à la réalité immédiate.

Ici il importe de faire ressortir une fois de plus une différence dont ne tiennent pas compte les nombreux amateurs d'hypothèses qui se trouvent aujourd'hui encore parmi les hommes de science. Ils ne manquent pas de faire remarquer, chaque fois que l'occasion s'en présente, que, lorsqu'on établit une loi naturelle, quelle qu'elle soit, on fait une hypothèse, puisque l'on admet, sans pouvoir le prouver, que les choses se passeront dans l'avenir comme elles se sont toujours passées jusqu'au moment où l'on est. Je réponds que ce n'est pas là une véritable hypothèse. Les hypothèses sont des suppositions invérifiables, tandis que les suppositions scientifiques, que j'ai proposé, il y a quelques années déjà, d'appeler *protothèses*, sont établies dans le but d'être vérifiées, et possèdent, par conséquent, la propriété inverse, celle d'être vérifiable.

Ainsi une supposition appartiendra ou n'appartiendra pas à la catégorie de celles que condamnent Newton et Mayer suivant qu'elle sera ou non impossible à vérifier. Si j'admets que l'électricité consiste en un mouvement de rotation de l'éther, je fais une hypothèse, car cette supposition ne peut pas être vérifiée (du moins avec les moyens dont dispose actuellement la science), et, par suite, ne conduit pas à une connaissance plus complète ni plus exacte des phénomènes qu'elle vise. Par contre, elle mène à un nombre immense de pseudo-problèmes de l'espèce que nous avons caractérisée à la page 127, et, en donnant ainsi lieu à un vain gaspillage d'une énergie dont la science aurait dû bénéficier, fait sérieusement obstacle à ses progès. Si, au contraire, j'admets qu'un gaz nouvellement découvert, et de l'aspect duquel je me suis tout d'abord contenté pour conclure que c'était un gaz, suit les lois de Boyle et de Gay-Lussac, je fais une protothèse, protothèse que je pourrai vérifier, dans le cas où j'aurais quelque cause de douter de son exactitude. Par cette vérification, quel qu'en soit le résultat, j'enrichirai la science, car j'arriverai à prouver soit que ce nouveau corps obéit lui aussi aux lois générales auxquelles sont soumis les gaz, soit — et ce fait sera encore plus remarquable — qu'il y a une substance qui, tout en ayant l'apparence d'un gaz, n'est pas soumise aux lois qui s'appliquent à tous les gaz observés jusqu'à présent.

64. — Ainsi que nous l'avons dit, on doit considérer Mayer comme le premier en date des énergétistes. On doit le considérer comme tel, bien qu'il ait voulu s'en tenir au mot de force pour désigner ce qu'on appelle aujourd'hui énergie. Inversement, on ne peut guère regarder comme un énergétiste l'homme auquel la science de l'énergétique doit son nom. Cet homme, c'est l'ingénieur anglais Marcquorne Rankine, qui, en 1855, publia l'ébauche d'une science qu'il nommait énergétique. Dans ce travail, il prétendait embrasser, au moyen de quelques principes généraux, tout l'ensemble de la physique et de la chimie. A cet égard, il est tout à fait comparable à Mayer, qui, dans son tableau synoptique des « forces », n'avait pas oublié les phénomènes chimiques (v. p. 131). Mais ce qui le distingue nettement et tout à son désavantage de Mayer, c'est qu'il s'en tient absolument à l'hypothèse mécaniste de Joule et de Helmholtz, méconnaissant ainsi ce qu'il y a d'essentiel dans la véritable énergétique, à savoir qu'elle n'a besoin de recourir à aucune hypothèse.

On trouve aujourd'hui encore dans la nomenclature employée en énergétique des traces des idées erronées propagées par Rankine : nous voulons parler de cette distinction entre l'*énergie actuelle* et l'*énergie potentielle* qu'il a introduite dans la science, et qui a été adoptée ensuite par Thomson et par beaucoup d'autres auteurs. S'il a fait cette distinction, il faut naturellement en rechercher la cause dans l'hypothèse mécaniste. D'après cette hypothèse, toute énergie est soit une force vive soit une force de tension. Donnons un exemple. Une masse déterminée a, suivant Rankine, de la force de tension lorsqu'elle se trouve au-dessus du sol et peut, par conséquent, fournir du travail par sa chute ; elle a de la force vive lorsqu'elle a parcouru la distance qui la séparait du sol, et qu'elle a pris, par suite, une certaine vitesse, vitesse correspondante à cette distance ; enfin son énergie se compose des deux sortes d'énergie ci-dessus lorsque sa chute est en train de s'effectuer.

En premier lieu, il est déjà hasardé de ne considérer, parmi ces deux espèces d'énergie, que la force vive comme de l'énergie actuelle, c'est-à-dire *réelle*, et de regarder l'autre comme simplement potentielle, c'est-à-dire comme possible mais non réelle, car, d'après la loi de la conservation, toute énergie est aussi réelle qu'une chose peut l'être ; d'ailleurs il n'est pas légitime d'admettre qu'une énergie qui n'est pas réelle, parce qu'elle n'est pas présente, puisse se transformer en une énergie réelle, et vice versa.

En second lieu, c'est faire une hypothèse absolument gratuite que de dire qu'il n'existe aucune autre énergie que ces deux énergies mécaniques, et que, par suite, toute énergie que nous rencontrons aujourd'hui ou que nous rencontrerons à l'avenir dans la nature doit nécessairement être de l'énergie mécanique. Ce qui montre le mieux combien est peu nette la distinction faite par Rankine entre les énergies actuelles et les énergies potentielles, distinction que l'on voit encore reproduite dans beaucoup d'ouvrages récents, c'est qu'il y a un certain nombre d'énergies bien connues au sujet desquelles on est loin de s'accorder, les uns les considérant comme actuelles, les autres comme potentielles. On voit par là qu'il n'existe pas de signe objectif auquel on puisse reconnaître si une énergie est actuelle ou potentielle. C'est en vertu d'une convention arbitraire que l'on regarde, par exemple, l'énergie chimique comme potentielle, et l'on aurait bien de la peine à indiquer ce qui empêcherait de la considérer comme actuelle.

La seule manière légitime de comprendre les mots énergie actuelle et énergie potentielle, c'est de regarder comme actuelle une énergie présente au moment considéré, et comme potentielle une énergie qui, dans les circonstances présentes, peut se former au moyen de l'énergie présente. Si l'on attribue à ces deux expressions les significations que l'on vient de dire, la force de tension ou l'énergie de distance qui se trouve dans une masse élevée au-dessus de terre est actuelle. et l'énergie de mouvement qu'elle contient est potentielle ; c'est l'inverse après la chute. Pour le pendule, l'énergie de distance est actuelle quand il est en haut de sa course, l'énergie de mouvement est actuelle quand il est dans sa position la plus basse, et, pendant les oscillations, ces deux énergies échangent constamment leurs caractères.

65. — Si nous refusons toute valeur, au point de vue du développement de l'énergétique, aux idées de Rankine, qui, d'ailleurs, manquent de clarté, la justice veut que nous fassions une exception pour l'une d'entre elles. Cette idée ne l'a pas conduit, il est vrai, à des résultats nets, mais d'autres en ont tiré un parti important. Il a fait observer que les énergies les plus diverses peuvent toutes être *représentées par le produit de deux facteurs*, dont chacun a un caractère qui le différencie nettement de l'autre, et qui est le même pour toutes les énergies. Appelant provisoirement *intensités* les facteurs d'une espèce et *extensités* ceux de l'autre, on dira que l'un des deux facteurs d'une énergie quelconque est de la nature d'une intensité, et l'autre de la nature d'une extensité. Rankine avait présenté son observation sous une forme assez bizarre, mais elle n'en a pas moins joué un rôle très important dans l'édification de l'énergétique générale.

CHAPITRE VIII

LA LOI D'INTENSITÉ

66. — Comme nous l'avons vu, Mayer avait déjà reconnu et mis en relief le fait que les différentes espèces d'énergie se comportent toutes de la même façon par rapport au premier principe. Dans sa première étude, il s'était surtout attaché à démontrer l'existence de l'égalité : travail $=$ chaleur, et à calculer le coefficient qui permet de convertir une quantité de travail, exprimée en unités arbitraires, en une quantité de chaleur, et réciproquement ; mais le tableau reproduit à la page 131 suffit à prouver qu'il était loin de borner ses pensées à ce sujet unique, et qu'il avait reconnu que la chaleur ne fait pas exception parmi les énergies, que toutes les autres sont, comme elle, de même essence que le travail. D'ailleurs, dans son étude sur le mouvement organique (étude pour laquelle il a choisi un titre beaucoup trop étroit), il établit expressément les rapports existant entre toutes les espèces d'énergie prises deux à deux, ainsi que les types des tranformations correspondantes.

Maintenant la question se pose de savoir si la

pensée fondamentale de Carnot ne se prête pas à une généralisation semblable. Il est hors de doute que Carnot lui-même n'avait pas pensé à une pareille généralisation. En effet, le premier principe n'étant pas connu à son époque, la notion générale d'énergie n'existait pas ; lui-même, il avait laissé indéterminée la partie la plus essentielle de cette notion, c'est-à-dire l'idée de la transformation d'une énergie en une autre. Il fallait d'abord que la notion même d'énergie se développât pour que l'on pût se poser la question de savoir s'il était possible d'élargir la pensée de Carnot.

Il sembla au premier abord que la réponse à cette question dût être négative. On a signalé plus haut les conséquences que William Thomson a tirées de la loi de l'entropie au point de vue de l'avenir de l'univers. Les autres lois physiques connues jusqu'alors n'avaient pas conduit à de pareilles conclusions ; aussi paraissait-il certain que c'était à la chaleur seule qu'appartenait la propriété qui avait trouvé son expression dans le second principe, que cette propriété ne se retrouvait dans aucune autre espèce d'énergie.

Il s'élevait pourtant de temps à autre des voix qui signalaient des ressemblances incontestables entre la chaleur et d'autres espèces d'énergie. On a déjà rapporté la remarque de Rankine sur la possibilité qu'il y a de décomposer les valeurs de toutes les espèces d'énergie en deux facteurs. dont chacun a un caractère spécial qui le distingue nettement de l'autre et qui est le même pour toutes les énergies. Ernst Mach a indiqué avec beaucoup plus de clarté de pareilles ressemblances présentées par certaines grandeurs ayant des relations étroites avec l'énergie, et il a montré que, pour les domaines les plus différents de la physique, la forme des équations correspondantes est la même. On trouve également chez Mach les premières applications d'un principe qui a été copié exactement sur le principe des travaux virtuels, et qui dit qu'il y a équilibre des différentes espèces d'énergie réunies dans un système quand, pour un changement virtuel de ce système, la somme des quantités d'énergie qui prennent naissance et de celles qui disparaissent est égale à zéro. Cependant il semble que nulle part il n'a exprimé ce principe sous sa forme générale et ne l'a présenté comme une extension du second principe de la thermodynamique.

Nommons ici Willard Gibbs, qui présente invariablement sous la forme d'un produit de deux facteurs toutes les espèces d'énergie qu'il considère. Est-ce lui qui a caractérisé la nature de ces facteurs, ou bien est-ce Clerk Maxwell ? voilà ce que je ne saurais décider [1].

---

1. Dans les « Principles of chemistry » de M. M. Pattison Muir, ouvrage paru en 1884, je trouve, à la page 394, dans une analyse des travaux de Willard Gibbs, le passage suivant : « La stabilité d'un système dépend des grandeurs (magnitudes) du système, qui sont : les quantités des composants, les volumes, les entropies, de même que des intensités du système, à savoir de la pression, de la température et des potentiels des composants. » Je ne trouve pas cette proposition dans le mémoire de W. Gibbs qu'analyse M. M. Pattison Muir, et je ne peux consulter l'étude de Clerk

67. — En désignant la température, la pression, la tension électrique, le potentiel chimique et d'autres valeurs encore sous le nom général d' « intensités » des diverses espèces d'énergie, ces différents auteurs laissent déjà entrevoir que des propriétés semblables à celles que Carnot a découvertes à la température se retrouveront chez les autres intensités, et, en particulier, que des transformations d'énergie (des transports d'énergie, suivant la conception de Carnot), ne pourront avoir lieu que lorsqu'il existera des différences de pression, de tension électrique, etc., absolument comme la chaleur ne peut produire de travail que lorsqu'il existe des différences de température. Cependant je ne trouve la première expression générale de ce principe que dans l'ouvrage de Georg Helm intitulé « *Lehre von der Energie, nebst Beiträgen zu einer allgemeinen Energetik.* » (Leçons sur l'énergie et contributions à une énergétique générale), qui contient le passage suivant : Toute forme d'énergie tend à passer des endroits où elle a une plus ou moins grande intensité à des endroits où elle aura une intensité moindre. On la dit résolue quand elle peut suivre cette tendance. »

Il faut dire que ce principe général, dont nous allons examiner de près la signification, n'apporte pas une solution complète de la question. Il indique bien la condition *nécessaire*, mais non

Maxwell (South Kensington conferences, 1876) qu'il mentionne dans son analyse. Il est très vraisemblable que c'est Maxwell qui a établi cette distinction si nette entre les facteurs des énergies et qui a si bien caractérisé ces facteurs.

pas la condition *suffisante* pour qu'ait lieu une opération énergétique, car il n'explique pas la différence qu'il y a entre de l'énergie résolue et de l'énergie non résolue. Cette différence, nous la comprendrons plus tard, lorsque nous étudierons la nature de l'autre facteur des énergies. Mais occupons-nous encore un peu des propriétés des intensités.

On reconnaîtra tout d'abord que les intensités ne sont aucunement des grandeurs dans le sens ordinaire du mot. Quand on réunit deux grandeurs égales, on obtient, comme on le sait, une grandeur double. Or, si l'on réunit deux températures égales, c'est-à-dire si l'on met en contact deux corps de même température, la température ne devient pas double, mais reste constante.

Et même, en examinant la chose de plus près, on se convainc bien vite que l'expression de température double n'a pas de sens déterminé. On évite instinctivement, d'ailleurs, de parler de la grandeur d'une température; on parle plutôt de sa hauteur. Or deux hauteurs égales mises l'une à côté de l'autre donnent la même hauteur et non une hauteur double.

Ici on va sans doute me critiquer et me dire : Pourquoi mettre ces hauteurs l'une à côté de l'autre ? C'est l'une au-dessus de l'autre qu'il faut les mettre, et alors on obtiendra une hauteur double.

Eh bien, répondrai-je, essayez-donc de mettre deux températures l'une au-dessus de l'autre ! Il faut d'abord, me répliquera-t-on peut-être, nous entendre sur le point à partir duquel nous compterons les températures. Tout le monde sait bien qu'il est absolument arbitraire de prendre pour zéro la température de fusion de la glace, comme on le fait habituellement. Le thermomètre Fahrenheit, en usage en Angleterre et en Amérique, a un zéro tout différent, qui est à $32°$ Fahrenheit au-dessous du point de fusion de la glace. En admettant qu'il résulte de ce que 20 est le double de 10 que $20°$ C représentent une température deux fois plus élevée que $10°$ C, ces deux températures, exprimées en degrés Fahrenheit, ne seront plus dans le rapport de 2 à 1, puisqu'elles seront respectivement de $50°$ et de $68°$. C'est à partir du zéro absolu qu'il faut compter ; peu importe alors de quelle échelle thermométrique on fait usage. Ce que j'ai à objecter à cela, c'est que personne n'a encore été au zéro absolu, et que personne, par conséquent, ne peut dire s'il existe une pareille température. Quelle que soit la façon dont on compte les températures, il est donc inévitable que le point à partir duquel on les compte soit arbitraire ; c'est pourquoi la notion pure de grandeur ne s'applique pas à la température. Et il en est de même de la hauteur. A partir d'où faut-il compter une hauteur ? Je peux fort bien fixer le point supérieur ; ce sera, par exemple, la pointe du paratonnerre qui surmonte ma maison. Mais, si je veux compter la hauteur à partir du sol, je me heurte à cette difficulté que ma maison est située sur une pente, et que, par suite, le niveau du sol est absolument différent suivant le point considéré. Et si, par hasard, je voulais prendre pour point le plus bas le centre de la terre, je me trouverais de nouveau en face de cette difficulté que personne n'y a été ; je puis, il est vrai, obtenir sa distance par le calcul, de même que j'ai obtenu par le calcul le zéro absolu, mais il reste l'objection que le choix de ce point est arbitraire, sans compter qu'une détermination de hauteur où interviendrait un pareil calcul serait beaucoup plus inexacte que celle qu'on effectuerait en comptant la hauteur à partir d'un point quelconque de la maison même ou du sol environnant.

Il en va tout autrement des véritables grandeurs. Une fois, par exemple, que l'on a fixé l'unité de masse. il n'y a pas la moindre difficulté à indiquer la masse d'un corps donné, car, lorsqu'on a indiqué la grandeur d'une masse, on a dit sur cette masse tout ce qu'il y a à en dire. Si l'on divise une masse en deux moitiés, ces deux moitiés ne diffèrent pas l'une de l'autre ; chacune a partout, en tant que masse, les mêmes propriétés que l'autre. Si l'on divise une hauteur ou une température, chaque partie conserve son caractère particulier ; l'une reste la partie la plus haute, et l'autre la plus basse. Ces deux parties ne peuvent être réunies qu'à l'endroit où elles ont été séparées l'une de l'autre ; tout autre mode de réunion serait contraire au bon sens et impossible.

68. — Maintenant, on constate que les intensités des différentes énergies ont toutes sans exception un caractère tel qu'on ne peut leur

attribuer de chiffres qu'en faisant des suppositions particulières, et, dans une certaine mesure, arbitraires ; ces chiffres n'indiquent pas leur grandeur, mais l'ordre dans lequel se succèdent leurs différentes valeurs. Toutefois, en posant que le produit d'une intensité par l'autre facteur de l'énergie considérée, facteur qui a toujours le caractère d'une grandeur, doit représenter la valeur de l'énergie elle-même (qui est aussi de la nature d'une grandeur), on peut également attribuer aux intensités une grandeur conditionnelle ou médiate. C'est là un procédé que l'on a employé de tout temps en physique d'une façon inconsciente, de sorte que l'énergétique n'a pas trouvé grand'chose à innover sous ce rapport.

Mais quelles sont les propriétés que l'on peut attribuer aux intensités ? Celle-ci, d'abord, que, quand deux intensités sont égales à une troisième, elles sont égales entre elles. Que l'on ne croie pas que cela va de soi. Cette propriété n'appartient d'une façon générale qu'aux véritables grandeurs. Avant d'être en droit d'affirmer que les intensités la possèdent, il faut en avoir acquis la preuve.

Prenons le cas de la température. Supposons que nous ayons constaté que de l'eau contenue dans un vase est à la même température que de l'huile contenue dans un autre vase. Comment avons-nous fait cette constatation ? Nous avons introduit un thermomètre dans l'un des deux liquides, nous avons noté le degré qu'il marquait, nous l'avons ensuite introduit dans le second liquide, et, le niveau du liquide thermométrique ne s'étant pas modifié, nous en avons conclu que les deux liquides avaient la même température.

Nous n'avons pu le faire sans admettre que la température possède la propriété en question. Nous avons d'abord introduit le thermomètre dans un des deux liquides. Tant que les températures du liquide et du thermomètre ont été différentes, il a passé de la chaleur de l'un dans l'autre, et, suivant le cas, la colonne de mercure a monté ou a baissé ; quand son niveau est devenu fixe, nous avons admis que le liquide et le thermomètre avaient la même température. C'est dire que nous avons d'abord reconnu au fait qu'il y avait un transport de chaleur (car c'est tout ce qu'on peut conclure du déplacement de la colonne mercurielle du thermomètre) que les températures étaient différentes ; plus exactement encore, *nous avons appelé ce fait une différence de température.* Il ne faudrait pas s'imaginer qu'indépendamment de ce fait nous pouvons *sentir* une différence de température. Ce que nous sentons, c'est le transport de chaleur ; c'est pourquoi un morceau de fer froid, d'où le transport de chaleur se fait rapidement, nous semble plus froid qu'un morceau de bois également froid, d'où le transport de chaleur s'effectue plus lentement. Si ces morceaux ont tous deux la température de la main, c'est-à-dire s'il n'y a pas de transport de chaleur, ils nous semblent également chauds. Maintenant voici ce que nous concluons de l'expérience en question : s'il ne s'effectue pas de transport de chaleur entre l'eau et un thermomètre d'une part, et entre l'huile et un thermomètre de même construction d'autre part, il ne s'en effectuera pas non plus quand on mettra cette eau et cette huile en contact *immédiat*. Il est bien clair qu'il s'agit ici d'un fait qui pourrait être autre, et qu'il a fallu recourir à l'expérience pour établir qu'il existe et qu'il est constant. La loi dans laquelle il rentre est tout à fait générale, et s'applique aux intensités de toutes les espèces d'énergie.

69. — Voilà qui est parfait, pensera peut-être le lecteur, mais à quoi bon tant de raisonnements à propos d'une chose évidente par elle-même? Eh bien, supposons qu'il n'en soit pas ainsi. Alors nous aurions, par exemple, deux liquides différents et tels que, tout en étant en équilibre de température l'un par rapport à l'autre, ils communiqueraient des températures différentes à un troisième corps (à un thermomètre, par exemple) qu'on y plongerait.

Cela étant admis pour un instant, prenons, au lieu de thermomètre, une petite machine thermique, du genre des machines à vapeur, par exemple, et mettons la partie qui représente la chaudière en contact avec le liquide qui communique à un troisième corps la température la plus haute, et le condenseur avec l'autre liquide. Les deux liquides sont supposés en contact immédiat l'un avec l'autre. Alors, par suite de la différence de température existant entre ses deux parties, notre machine marchera et produira du travail. Pour pouvoir produire ainsi du travail, la machine devra enlever de la chaleur au premier liquide, et, par conséquent, le refroidir ; elle transmettra au second liquide une partie de cette chaleur, la partie qui n'aura pas été transformée en travail ; donc elle l'échauffera. Mais, par suite de la différence de température existant maintenant entre les deux liquides, il passera de la chaleur du second liquide dans le premier ; il en passera jusqu'à ce que les températures de ces deux liquides soient devenues égales ; or, quand l'égalité de température sera rétablie, la machine pourra recommencer à travailler ; les mêmes phénomènes se reproduiront indéfiniment. L'ensemble du système transformerait indéfiniment de la chaleur en travail, et par là se refroidirait ; ce refroidissement pourrait se poursuivre jusqu'à un degré aussi bas que l'on voudrait au-dessous de la température initiale ou de la température ambiante. On pourrait donc tirer de la chaleur du milieu ambiant pour restituer à la machine celle qu'elle aurait perdue, et, de cette façon, toute la chaleur pourrait être transformée en travail.

Nous avons déjà fait connaissance avec ce type de machines impossibles (p. 99) ; c'est sur de pareils cas que Carnot s'est appuyé pour établir sa loi. Demandons-nous maintenant quelle forme prendra l'argumentation de Carnot si l'on écarte sa supposition erronée que la quantité de chaleur qui passe par la machine n'éprouve pas de variation au cours de ce passage. On a déjà fait remarquer que cette erreur est sans importance au point de vue de la loi à établir, attendu que, pour démontrer l'existence de cette loi, il n'est pas nécessaire d'envisager la quantité de chaleur qui sort de la machine à la température inférieure ; mais c'est un besoin que de voir absolument clair dans cette question importante.

Si le principe de Carnot n'était pas exact, et qu'il fût possible de construire deux machines thermiques parfaites ayant des rendements différents, on pourrait accoupler ces deux machines d'une façon telle qu'une quantité quelconque de chaleur fût transportée de la température inférieure à la température supérieure, et obtenir ainsi une quantité de travail aussi grande que l'on voudrait. Ce travail ne serait pas créé *ex nihilo ;* il entraînerait une consommation correspondante de chaleur. Mais cette chaleur pourrait être enlevée au milieu ambiant en quantité quelconque, car notre couple de machines transporte à volonté de la chaleur d'une température inférieure à une température supérieure sans aucune dépense.

Nous aurions donc une machine qui, sans contredire le premier principe, contredirait le second, et qui aurait absolument la valeur pratique d'une machine produisant un mouvement perpétuel. Elle ne tirerait pas, il est vrai, du travail de rien, mais elle en tirerait d'une chaleur sans valeur, qui se renouvellerait sans cesse par suite de la consommation du travail obtenu. *L'expérience montre qu'une machine produisant le mouvement perpétuel de cette façon est également impossible.* On donne à une pareille machine le nom de machine de seconde espèce à mouvement perpétuel parce qu'elle contredit le second principe et pour la distinguer d'une machine contredisant le premier principe, laquelle est appelée machine de première espèce. En disant qu'une machine de seconde espèce est impossible, on exprime donc ce qu'il y a d'essentiel dans le second principe.

Les considérations que l'on vient de développer sur les propriétés de la température ont des rapports étroits avec le second principe présenté sous cette forme, et la loi « évidente par elle-même » que nous avions énoncée relativement à la température prend tout à coup un aspect inattendu : la possibilité de la violer n'impliquerait rien de moins que l'abolition du second principe, c'est-à-dire l'abolition d'un principe qui s'est montré jusqu'à présent d'une application aussi générale que la loi de la conservation de l'énergie.

70. —On reconnaît sans peine qu'une loi toute semblable s'applique à chacune des autres intensités. On peut dire d'une façon générale que, quand deux systèmes sont chacun en équilibre avec un troisième par rapport à une certaine espèce d'énergie, ils sont nécessairement aussi en équilibre l'un avec l'autre par rapport à cette énergie, à moins qu'une machine de seconde espèce ne soit possible.

Ces considérations montrent combien sont simples les relations qui sont à la base du second principe de l'énergétique. Par suite de la forme mathématique quelque peu inusitée sous laquelle il a été présenté par Clausius, et des calculs compliqués au moyen desquels ont été obtenus les résultats importants qu'il est susceptible de donner, le second principe a acquis la réputation d'être particulièrement difficile à comprendre, tandis qu'on trouvait le premier principe d'une parfaite clarté. Mais si l'on résume le second principe dans cette formule : *l'énergie en repos ne se met pas d'elle-même en mouvement*, il prend presque la forme d'un truisme. L'énergie en repos est précisément celle qui ne se met pas en mouvement, et nous ne pouvons pas caractériser autrement l'énergie en repos ; ce principe dit donc simplement que, une fois que l'énergie est réellement arrivée à l'état de repos, elle reste réellement et d'une façon permanente dans cet état. En d'autres termes, *une fois que* les changements temporaires ont cessé dans un système quelconque, ils ont cessé *pour toujours,* à moins que de l'énergie ne soit apportée de l'extérieur à ce système.

CHAPITRE IX

LES FACTEURS MATÉRIELS

En étudiant de près les propriétés qui appartiennent en commun aux facteurs d'intensité des
différentes énergies, nous avons pu nous faire
une idée des tendances dont tout ce qui se passe
dans la nature implique la satisfaction. Comme
il ne s'effectue jamais de transport d'énergie sans
qu'il existe des différences d'intensité, et que,
d'autre part, il n'y a pas de phénomène physique (nous traiterons plus tard des phénomènes
psychologiques) qui ne soit marqué par quelque
transport d'énergie, la réponse à la question :
quand un transport d'énergie a-t-il lieu ? est
aussi, en réalité, une réponse à cette autre
question : *quand se passe-t-il quelque chose ?*
Nous avons reconnu que la condition nécessaire
pour qu'il y ait transport d'énergie, et, par suite,
pour qu'il se passe quelque chose, est qu'il y ait
une différence d'intensité ; pour trouver maintenant la condition suffisante, nous devons commencer par apprendre à connaître de plus près
les autres facteurs de l'énergie.

Ces autres facteurs ont reçu toute espèce de

noms. Pour bien souligner l'opposition qu'il y a entre eux et les intensités, nous les avons désignés plus haut sous l'appellation d'*extensités*. Ils ont encore été appelés *facteurs de quantité* et *facteurs de capacité* de l'énergie, et l'on est un peu embarrassé pour savoir auquel de ces noms il convient de donner la préférence. Cette multiplicité de dénominations montre, d'ailleurs, qu'aucune de celles qui ont été proposées n'exprime d'une façon satisfaisante le caractère particulier de ces grandeurs. Peut-être ne trouvera-t-on pas ce défaut au nom nouveau qui a été mis en tête de ce chapitre. Si on l'a employé, ce n'est pas pour essayer de supplanter ceux qui existent déjà, c'est parce qu'il appelle l'attention sur un point déterminé, parce qu'il indique immédiatement et d'une façon nette la direction que prendront les considérations que nous allons développer. On peut, du reste, conserver pour l'employer généralement le plus vague des noms qui ont été attribués à ces facteurs d'extensité.

Si j'appelle les grandeurs en question des *facteurs matériels*, c'est parce que c'est la considération de ces grandeurs qui détermine l'antique conception de matière. Il y a déjà treize ans et davantage, j'ai exprimé ma conviction que les notions d'énergie et de matière ne sont pas des notions également bien fondées. J'ai dit que la notion de matière s'est formée avant que celle d'énergie fût connue, et que, par suite, on a attribué à la matière des composants qui appartiennent essentiellement à l'énergie. Si l'on rend successivement à l'énergie ceux qui lui reviennent, la notion de matière se dissout de plus en plus, *et les grandeurs restantes se trouvent être les facteurs d'extensité des énergies présentes.*

72. — Quant à ce qui est de la caractérisation plus exacte de ces facteurs, on a déjà appuyé plusieurs fois sur le fait qu'il s'agit de grandeurs dans le sens étroit de ce mot, c'est-à-dire de choses que l'on peut diviser et réunir à volonté sans que ces opérations soient soumises à aucune condition déterminée et sans qu'elles présentent aucune particularité. Ces grandeurs sont *additionnables inconditionnellement*, ce qui n'est pas le cas pour les intensités, ainsi qu'on vient de le montrer. Par suite, il est extrêmement facile de mesurer les facteurs d'extensité. On en prend une partie quelconque comme unité, et l'on réunit autant d'unités qu'il en faut pour que leur somme soit égale à la valeur à mesurer. Si l'unité choisie constitue une mesure trop grande, on forme des unités plus petites ; ce qu'il y a de plus simple, c'est de former des unités représentant 0,1, 0,01, 0,001 etc., de l'unité primitive.

Prenons pour exemple la masse, facteur d'extensité de l'énergie de mouvement. Deux masses sont égales quand un travail égal leur fait prendre des vitesses égales. Si donc on a choisi comme unité de masse une masse arbitraire quelconque (le kilogramme du Bureau des poids et mesures de Paris, par exemple), on pourra, étant donné une autre masse quelle qu'elle soit, examiner si elle est égale à l'unité ; on pourra aussi faire autant de reproductions de l'unité que l'on voudra. Si l'on détermine une autre masse plus petite, et telle que la somme de 1.000 masses égales à elle soit égale à la masse normale, on obtiendra une unité mille fois plus petite (ici cette unité sera le gramme). On pourra établir de semblable façon autant de sous-unités que l'on voudra, sous-unités dont la définition ne comportera pas la moindre difficulté ni la moindre obscurité. Ce que l'on vient de dire s'applique également aux volumes, aux longueurs, aux surfaces, aux quantités d'électricité, aux quantités de substances chimiques, aux poids, etc., c'est-à-dire à tous les facteurs d'extensité des énergies.

73. — Et maintenant, pour nous familiariser avec ces notions, nous allons, au lieu de procéder à une sèche énumération des différentes espèces d'énergie et de leurs facteurs, examiner immédiatement les éléments énergétiques en face desquels nous met notre expérience journalière ; nous nous convaincrons ainsi que l'idée de matière est née de particularités physiques tout à fait déterminées de notre monde. Considérons, en vue de cet examen, un objet absolument quelconque, par exemple le morceau de verre qui nous sert de presse-papiers.

Et d'abord, nous appelons ce morceau de verre un *corps solide*, dénomination par laquelle nous exprimons qu'il conserve sa grandeur et sa forme tant qu'on ne dépense pas des travaux très considérables pour le briser. Nous savons, il est vrai, que cette invariabilité de sa forme n'est pas inconditionnelle, car, si on le soumet de tous côtés à une pression, son volume diminuera d'une quantité très petite, sans doute, mais pourtant mesurable. Si l'on fait cesser la pression, il reprendra son volume primitif.

Voilà une première forme d'énergie possédée par notre corps solide. Nous la nommons *énergie de volume*, parce qu'elle change avec le volume du corps. Pour changer le volume du corps, il nous faut dépenser du travail, et, quand le corps reprend son volume primitif, il cède exactement autant de travail qu'il en a absorbé précédemment. Dans le cas des corps solides, ces phénomènes sont très difficiles à observer, mais, dans le cas des gaz, qui possèdent également de l'énergie de volume, un changement donné de la pression détermine un changement beaucoup plus grand du volume ; dans ce cas, d'ailleurs, les phénomènes en question nous sont tout à fait familiers. Nous reconnaissons immédiatement que c'est la *pression* qui est le facteur d'intensité de l'énergie de volume. Car, si nous réunissons deux systèmes subissant la même pression (par exemple, deux gaz soumis à la pression atmosphérique ordinaire), le mélange de ces gaz n'a pas une pression double ; la pression de l'un n'influence pas celle de l'autre. On reconnaît avec la même facilité que le facteur d'extensité de l'énergie de volume est le *volume*, deux volumes égaux donnant, si on les réunit, un volume double ; les volumes, en effet, s'additionnent inconditionnellement ; ils sont mesurés au moyen d'une unité arbitraire (celle qui est adoptée dans les sciences est le centimètre cube). Tout changement que nous voulons provoquer dans le volume de notre morceau de verre exige une dépense correspondante d'énergie ou de travail, et cela aussi bien quand nous voulons agrandir ce volume que quand nous voulons le diminuer. La teneur en énergie de volume du corps considéré est minima quand le corps est dans ce qu'on appelle son état naturel, puisqu'il ne peut s'écarter de cet état que si on lui *fournit* de l'énergie. C'est là, soit dit en passant, un caractère général des états d'équilibre.

74. — Outre cette énergie de volume, qui lui assure la conservation de tout l'espace qu'il occupe, notre morceau de verre a encore une autre propriété, qui lui assure la conservation de sa *forme*. Non pas qu'il conserve sa forme inconditionnellement et absolument, mais il faut, pour la lui faire changer, dépenser une quantité déterminée de travail. Comme un corps solide peut changer de forme sans changer de volume, nous sommes en présence d'une énergie qui, tout en étant semblable à l'énergie de volume, s'en distingue cependant; nous la nommerons *énergie de forme*. En physique, cette propriété est connue sous le nom d'élasticité. La valeur du facteur d'extensité de cette espèce d'énergie est également déterminée par des mesures spatiales ; mais, tandis que le volume de l'énergie de volume est suffisamment déterminé par un simple chiffre

dans le cas où l'unité est connue, il est essentiel,
quand il s'agit de l'énergie de forme, de tenir
compte des directions dans lesquelles les déplacements ont lieu. La quantité de travail correspondant à un déplacement égal à l'unité varie
avec la direction dans laquelle se fait ce déplacement, mais à un déplacement double dans une
direction déterminée correspond, entre certaines
limites, un travail double. Ces déplacements
sont donc les extensités, tandis que les forces
correspondantes mesurent l'intensité de l'énergie
élastique ou énergie de forme. Ce n'est pas ici le
lieu de développer la question très compliquée
de l'énergie de forme (que, d'ailleurs, la théorie
de l'élasticité a élucidée depuis longtemps), car
les notions fondamentales que nous avons données suffisent pour comprendre cette question
dans ses grandes lignes.

La facilité avec laquelle les corps solides
absorbent de l'énergie de forme est d'une importance capitale au point de vue de leur emploi
dans la fabrication de nos ustensiles et de nos
instruments. On regarde, en général, les corps
solides comme complètement rigides, et l'on
admet qu'ils n'éprouvent pas de changements de
forme sous l'influence des forces. Si cela était,
il serait très difficile de comprendre le fonctionnement de la machine la plus simple, d'un levier
par exemple. Le levier change une petite force en
une grande, et ce changement est accompagné
d'un changement inverse pour les chemins correspondants. Comment se fait-il qu'un corps
absolument rigide, c'est-à-dire incapable de chan-

ger, puisse opérer de pareilles transformations d'énergie ? La mécanique classique est obligée de laisser cette question sans réponse et de se contenter de dire : un corps solide est une machine qui effectue de pareilles transformations. Mais, dès que nous aurons reconnu qu'il n'y a pas de corps absolument rigide, nous comprendrons que la force qui agit à l'une des extrémités du levier fournit du travail *élastique* en courbant le levier, et que les forces élastiques auxquelles elle a ainsi donné naissance non seulement se font équilibre en chaque point du levier, mais encore font équilibre à la force qui agit sur l'autre bras du levier. Nous voyons ainsi l'énergie se propager d'un point à l'autre dans toute notre machine, et nous concevons comment l'énergie introduite dans le levier à l'une de ses extrémités peut en être retirée à l'autre extrémité. C'est d'une façon toute semblable que la tige du piston de la machine à vapeur transmet à la manivelle de l'arbre du volant le travail qu'elle a absorbé dans le cylindre, etc.

L'énergie de forme joue donc le rôle d'un agent de transmission d'énergie, agent utilisable on ne peut plus généralement ; grâce à elle, si du travail mécanique est produit en un endroit donné, nous pouvons faire passer ce travail dans un autre endroit, la direction suivant laquelle il se développera dans ce second endroit et le rapport de transformation étant déterminés d'avance. Mais là ne se borne pas l'importance de l'énergie de forme. Notre vie est liée à son existence. En effet, si cela ne coûtait pas de travail de changer la forme des corps, ils n'auraient pas de forme déterminée ; tout serait fluide. Car ce qui caractérise précisément les fluides, c'est que, s'ils possèdent de l'énergie de volume, ils ne possèdent pas (ou plutôt possèdent infiniment peu) d'énergie de forme. L'énergie de forme est caractéristique des corps solides.

75. — Ces observations nous font comprendre immédiatement comment on est arrivé à la notion de *corps*. S'il n'y avait que des gaz, comme ils ne sont jamais séparés les uns des autres par des limites précises, et qu'ils ne possèdent aucune énergie de forme, on n'aurait pas l'occasion d'acquérir l'idée d'un système cohérent, et, par suite, individualisé. L'état liquide, tout en n'étant pas incompatible avec l'existence d'un pareil système, ne lui offre que peu de chances de se constituer. La notion de corps n'a pu prendre naissance que grâce à l'énergie de forme, grâce à la conservation d'une quantité d'énergie occupant un espace limité et apparaissant ainsi comme indépendante, et distincte d'autres quantités d'énergie. Sans doute, tout ce que nous entendons sous le nom de corps n'est pas contenu dans la notion d'énergie de forme. Mais, comme tout ce que nous connaissons ne consiste qu'en connaissances relatives à des énergies, nous devons nécessairement nous attendre à ce que les autres éléments de la notion de corps et de matière soient également des énergies ou leurs facteurs.

Si le corps que nous considérons n'avait que les propriétés que nous lui avons reconnues jusqu'à présent, son contenu serait bien maigre, puisqu'il ne possède ni masse, ni poids, ni propriétés chimiques. Mais nous concevons sans peine qu'il doit au moins avoir du poids pour pouvoir être étudié par nous. Car un système dépourvu de poids ne se maintiendrait pas sur la terre ; le moindre coup le mettrait en mouvement et le forcerait à abandonner la terre. S'il y a des systèmes limités doués d'énergie de forme, il faut, pour qu'ils puissent être compris dans la sphère de notre expérience, qu'ils soient aussi pesants. Nous n'avons pas le droit d'affirmer que l'énergie de forme et le poids se trouvent toujours réunis, mais, ce qu'il nous est permis d'affirmer, c'est que nous ne pouvons rien apprendre au sujet de l'énergie de forme si elle n'est associée à un poids.

76. — Est-ce que le *poids* est parmi les choses que le concept d'énergie peut conduire à envisager ? Oui, assurément. N'avons-nous pas vu que la transformation de la « force de chute » en chaleur était pour Mayer l'exemple le plus important d'une transformation d'énergie ? Il y a donc une énergie de pesanteur ou de gravitation. Les facteurs en sont faciles à trouver. On voit tout de suite que le facteur d'extensité est le poids, c'est-à-dire la grandeur que l'on mesure en kilogrammes et en grammes quand on achète des aliments, des combustibles, etc. Car cette gran-

deur est additionnable inconditionnellement, comme nous l'apprend notre expérience de tous les jours. Quant au facteur d'extensité, c'est la hauteur à laquelle on élève le poids, car le travail dépensé pour élever un corps pesant est représenté par le poids de ce corps multiplié par la hauteur à laquelle on l'élève. Cela n'est vrai, toutefois, que pour des poids qu'on élève à une faible hauteur au-dessus de la surface de la terre ; quand il s'agit de hauteurs un peu considérables, le travail n'est plus exactement proportionnel à la hauteur ; il augmente plus lentement que celle-ci. La théorie relative à cette question est achevée, et nous possédons dans le *potentiel de gravitation* une fonction qui nous fait connaître exactement comment le travail augmente quand la hauteur s'accroît. Deux corps au même potentiel restent à ce potentiel lorsqu'on les réunit. Il en est du potentiel, à cet égard, comme de la hauteur et de toutes les intensités.

De même que, dans le cas de l'énergie de forme, tout changement de forme impliquait du travail, et que c'était la raison suffisante pour que les corps, une fois atteint l'équilibre de l'énergie de forme, gardassent leur forme, de même, dans le cas de l'énergie de gravitation, l'élévation d'un système au-dessus de la surface de la terre implique du travail, et c'est la raison suffisante pour que ce système reste sur la surface de la terre, du moins lorsqu'on ne fait pas intervenir d'autre énergie mécanique qui puisse s'opposer à ce travail.

On explique généralement ces phénomènes

en disant qu'il émane de la terre une « force » qui « attire » le corps pesant, et, par là, détermine sa chute quand il se trouve au-dessus de la surface de la terre sans être soutenu. On sait à quelles difficultés a conduit cette conception, difficultés qui non seulement n'ont pas été résolues à l'époque où elle s'est fait jour, mais ne le sont pas encore aujourd'hui. Ces difficultés proviennent de ce que Newton, conformément aux idées qui régnaient dans la science à son époque, mit l'idée de *force* au premier plan. Galilée avait montré qu'en admettant l'existence d'une force de pesanteur constante, on peut expliquer d'une façon satisfaisante les phénomènes de chute qui ont lieu à la surface de la terre. Newton montra de son côté que l'on peut également expliquer les mouvements astronomiques si l'on regarde la force non comme constante mais comme inversement proportionnelle au carré de la distance. Il semble qu'il ne lui soit pas venu à l'esprit de douter que la notion même de « force » fût appropriée. Il n'approfondit pas la signification physique de cette notion et finit par recourir à des considérations théologiques.

Pour nous, au contraire, c'est la notion de *travail* qui est au premier plan, et non la notion de force, qu'il est difficile de ne pas associer avec l'image de la main qui saisit et qui tire. L'éloignement, par rapport à la surface de la terre, d'une partie de la croûte terrestre, d'une pierre, par exemple, représente une déformation, absolument comme la courbure d'un ressort ou la compression d'un gaz. Nous avons appris à concevoir l'espace comme le domaine où se manifestent les énergies, nous ne pouvons donc pas être étonnés qu'à côté de l'énergie de volume et de l'énergie de forme, qui remplissent l'espace à trois dimensions, il existe encore une énergie de surface (dont nous parlerons bientôt plus au long), et une énergie linéaire ou *énergie de distance*, qui se manifeste dans les phénomènes de gravitation.

77. — Nous venons d'indiquer deux des principales propriétés qu'on attribue à ce qu'on appelle matière : l'étendue et le poids. A ces deux propriétés s'ajoute la *masse*. La plupart du temps, les ouvrages classiques nous donnent une idée inexacte de cette grandeur, en associant à tort la notion de masse avec celle de poids. Nous répéterons ici que l'on entend par le mot de masse la propriété que possèdent les corps de pouvoir prendre de l'énergie de mouvement (p. 36). Si nous lançons avec la même dépense de travail musculaire des corps différents, ils prendront des vitesses différentes. Nous attribuons la plus grande masse au corps qui prend, dans ces conditions, la plus petite vitesse ; mais la masse n'est pas inversement proportionnelle à la vitesse; elle est inversement proportionnelle au *carré* de la vitesse. Si, d'autre part, on mesure les travaux qui sont nécessaires pour communiquer la même vitesse à des corps différents, on constate que les masses de ces corps sont proportionnelles à ces travaux.

Comme on le voit, cette conception de la masse n'a rien à voir avec le poids ni avec le volume du corps, car la propriété de masse ne vient en question que lorsqu'on met le corps en *mouvement*. L'expérience nous apprend, il est vrai, que le poids des corps est proportionnel à leur masse, de sorte que, d'après les définitions que l'on vient de donner, les différents corps prennent des vitesses égales en tombant de hauteurs égales. En effet, pour que des corps différents prennent des vitesses égales, il faut, comme on l'a fait remarquer ci-dessus, que les travaux soient proportionnels aux masses. De fait, les travaux, pour des hauteurs égales, sont proportionnels aux poids, et, comme les vitesses produites sont égales, les masses doivent être proportionnelles aux poids. C'est précisément à cause de ce lien étroit qui existe, ainsi que le montre l'expérience, entre la masse et le poids qu'il a été difficile de faire ressortir la différence essentielle qui sépare ces deux grandeurs.

Cependant il nous faut encore, pour ne pas laisser d'obscurité dans notre théorie énergétique, élucider la question de savoir pourquoi la masse et le poids se trouvent toujours associés dans les divers systèmes. Puisqu'ils sont sans dépendance mutuelle, on devrait, semble-t-il, pouvoir les trouver séparés l'un de l'autre.

La réponse à cette question est toute semblable à celle qui a été faite à la question de savoir pourquoi l'énergie de volume et l'énergie de gravité sont toujours associées : cette réponse, c'est que nous ne pourrions pas observer sur la terre des systèmes dépourvus de masse. Imaginons un corps qui, sans que ses autres propriétés changent, prendrait une masse de plus en plus petite. Des coups de force égale lui feraient prendre une vitesse de plus en plus grande. S'il finissait par avoir une masse nulle, tout en conservant de l'énergie de forme (et également, si l'on veut, de l'énergie de gravité), le coup le plus faible lui ferait prendre une vitesse infiniment grande, c'est-à-dire qu'il échapperait à notre prise et à notre observation. Nous voyons donc que les choses de notre monde physique, c'est-à-dire les parties de l'espace accessibles à notre expérience qui se comportent autrement que ce qui les entoure, sont nécessairement pourvues en même temps de ces deux énergies : énergie de gravité et énergie de mouvement, que, sans elles, ces énergies ne pourraient constituer des objets de notre expérience. L'énergie de forme n'est pas absolument nécessaire pour que ces choses puissent constituer des objets de notre expérience, attendu qu'à côté de corps solides nous connaissons des corps liquides et des corps gazeux, lesquels ne contiennent pas d'énergie de forme. Mais ils contiennent, outre de l'énergie de gravité et de l'énergie de mouvement, de l'énergie de volume, qui est également indispensable à la réalité des choses, c'est-à-dire à leur présence dans la sphère de notre expérience ; sans elle, ces choses ne seraient pas des parties constituantes de notre espace.

78. — Ainsi l'énergétique nous fait reconnaître en notre monde un *monde pour nous*. Elle ne nie pas qu'il puisse exister des mondes tout différents pour des êtres vivant eux-mêmes dans des conditions énergétiques différentes. Kant a donc raison quand il dit, en insistant fortement sur cette idée, que nous ne connaissons le monde que comme il nous apparaît, et non comme il « est ». Mais, par contre, il a certainement tort quand il nie toute possibilité de connaître le monde « en soi ». Le monde électrique et magnétique ne nous « apparaît » pas du tout, parce que nous ne possédons pas de sens qui nous révèle immédiatement ce monde. Toute son existence repose pour nous sur des conclusions médiates, que nous avons tirées de certains autres phénomènes, phénomènes qui se passent dans des sphères accessibles à nos sens. Nous avons relié les uns aux autres ces phénomènes particuliers de mouvement et de chaleur par la conception de l'énergie électrique et magnétique, et cette conception se montre parfaitement adéquate à nos besoins. C'est ce dont témoignent les gigantesques établissements électriques dont nous pourvoyons nos villes. Les énormes quantités d'électricité qui y sont mises en action suivent toutes exactement les chemins divers qui leur sont assignés, et nous connaissons si exactement « l'essence » de cette chose, qui n'est que médiatement un « phénomène », que nous pouvons déterminer d'avance par le calcul tous les détails, même les plus minimes, d'un nouvel établissement, avec la certitude absolue que

tout fonctionnera conformément à nos calculs.

Nous avons le droit de conclure de ces considérations que le monde « réel » est probablement beaucoup plus riche et beaucoup plus varié que notre monde, mais que celui-ci forme une portion bien délimitée du « monde en soi ». Car la seule signification que nous puissions attacher à l'expression « le monde en soi » est celle-ci : le monde en soi représente l'ensemble de toutes les relations possibles entre tous les systèmes possibles. Nous-mêmes et nos relations nous sommes assurément des relations possibles, car nous sommes des relations réelles ; par suite, nous et nos relations nous formons certainement une partie de la réalité. Notre connaissance, il est vrai, ne s'étend pas au-delà de cette partie ; mais l'exemple, que l'on vient de citer, de l'électricité et du magnétisme nous montre que, grâce au développement général des connaissances humaines, l'image que nous nous formons du monde s'élargit constamment.

Il nous faut encore dire un mot au sujet de cette observation que les impressions produites sur nous par le monde extérieur se colorent d'une façon spéciale par suite de la nature de nos organes des sens, et que cette coloration spéciale n'appartient pas aux « choses en soi », mais à notre nature personnelle. C'est là un fait certain. Mais on ferait erreur en admettant que le caractère du monde extérieur s'en trouve dénaturé au point d'être méconnaissable. Pour comprendre quelles sont les choses qui changent et quelles sont celles qui restent inchangées, considérons un appareil quelconque reproduisant dans sa langue les actions extérieures qu'il subit, par exemple, un galvanomètre relié à une pile thermo-électrique, dont il indique les changements de température. Entre la chaleur qui agit sur la pile et les mouvements de l'aiguille du galvanomètre (ou de la raie de lumière, si l'on se sert du dispositif comprenant une lampe et un miroir), il semble ne pas y avoir la moindre ressemblance immédiate. Cependant nous savons qu'une augmentation ou une diminution de l'action de la chaleur est représentée par une augmentation ou une diminution de la déviation du galvanomètre, et que, par suite, tous les rythmes temporaires du processus en question se transportent sur l'appareil d'observation, en conservant les intensités relatives et l'ordre de succession qui les marquent dans la réalité, c'est-à-dire pour quelqu'un qui n'aurait pas recours au galvanomètre pour les observer. En d'autres termes, l'appareil reproduit l'ordre de succession des diverses parties du phénomène et leurs grandeurs relatives, sans reproduire les autres qualités de ce phénomène.

Nous devons nous représenter pareillement la manière dont les phénomènes extérieurs sont reproduits par nos appareils des sens. Ces appareils sont mis en action par des énergies extérieures et reproduisent, dans leur ordre de succession, les variations d'intensité de ces énergies. Mais ils le font dans une langue qui dépend de leur organisation particulière. Par conséquent, pour savoir ce qui, dans nos sensations, appartient à la chose en soi et ce qui revient à la langue propre de l'appareil, nous devrons demander à la physiologie des sens de nous faire connaître cette langue, puis supprimer de nos sensations ce qui revient à l'appareil ; nous serons alors renseignés sur la chose en soi. Car nous pouvons et nous devons retenir ceci : comme la chose en soi agit sur nous, un côté ou une particularité de la chose se communique à l'appareil sensoriel, et, par là, devient connaissable. A la science incombe la tâche de déterminer exactement ce qui, dans les phénomènes, est subjectif, et ce qui est objectif. Il semble que cette tâche doive être extrèmement ardue. Mais le fait que nous réussissons, en vertu de nos connaissances scientifiques, à façonner le monde extérieur suivant notre volonté et nos besoins, et cela d'une manière que nous pouvons prévoir plus ou moins exactement, prouve que nous avons une connaissance assez approfondie de la réalité objective, c'est-à-dire des choses en soi.

79. — Après cette digression, qu'il était nécessaire de faire, afin de dissiper certains doutes, revenons à ce qui constitue notre sujet principal, et considérons la portion de notre monde énergétique que l'étude que nous venons de faire nous a permis d'apprendre à connaître, c'est-à-dire les corps solides, avec leurs propriétés de masse, de poids et d'étendue. C'est ce qu'on appelle ordinairement la matière ; du moins les propriétés ci-dessus sont-elles généralement indiquées dans

les ouvrages classiques comme étant les propriétés fondamentales de la matière.

Mais, à l'exemple d'Aristote, on se représente
d'habitude la matière comme une chose indiffé-
rente, dépourvue par elle-même de propriétés,
et sur laquelle les propriétés en question sont
fixées de quelque façon spéciale. Une pareille
conception était peut-être nécessaire tant que
l'on regardait les propriétés comme quelque
chose de fortuit ou d'arbitraire, qui aurait aussi
bien pu être tout différent. Notre conception à
nous, c'est qu'il y a présence de différentes énergies au même endroit. Pourquoi les trouvons-
nous nécessairement au même endroit ou unies
les unes aux autres ? C'est ce que nous avons
déjà étudié. Il faut dire, d'ailleurs, qu'on se
trouve ici en face d'un principe qui n'a pas encore
été bien élucidé, principe en vertu duquel les
extensités des différentes espèces d'énergie exigent
chacune la présence des autres. En tout cas, ces
liaisons déterminent la transformation des
diverses espèces d'énergie les unes en les autres,
et sont cause de la multiplicité des phénomènes
qui se produisent. Nous savons, en effet, que les
intensités de même espèce tendent à devenir
égales entre elles, et qu'en fait, dans un système
en équilibre, elles sont égales entre elles dans le
cas où elles peuvent se propager librement dans ce
système. La cause pour laquelle, dans un espace
où il y a égalité de température, de pression, etc.,
nous pouvons, malgré cette égalité, distinguer
des choses ou des corps *différents*, ne pouvant
pas résider en des différences d'intensité, réside

nécessairement en des différences d'extensité. Ainsi c'est le volume de l'énergie de volume, le poids de l'énergie de gravité, la forme de l'énergie de forme qui permettent de distinguer des choses différentes là où les intensités sont uniformes et qui caractérisent les différentes parties de l'espace, c'est-à-dire les corps.

80. — En analysant la matière, et en en déterminant les parties composantes, nous sommes donc arrivés à voir qu'elle constitue une notion superflue. Nous n'avons pas l'habitude de mettre au compte de la matière la chaleur que contiennent les corps, quoiqu'elle représente une espèce particulière d'énergie tout aussi bien que chacun des constituants énergétiques que nous avons attribués aux corps. Si nous faisons une exception pour la chaleur, c'est que nous ne connaissons pour ainsi dire pas l'extensité de la chaleur, c'est-à-dire l'entropie, et que, par suite, nous ne nous préoccupons pas de sa présence. Mais il y a à cette exception une autre raison, une raison plus profonde : nous arrivons facilement à maintenir séparées dans l'espace les autres énergies dont il a été question ci-dessus, c'est-à-dire à réfréner suffisamment la tendance commune aux énergies de toute espèce à se répartir uniformément dans l'espace, tendance que nous pouvons constater à la base de tout phénomène, à réfréner, dis-je, cette tendance suffisamment pour pouvoir constituer des systèmes ne changeant pas avec le temps, des sys-

tèmes invariables, du moins pratiquement. Sans doute, c'est là une chose d'autant plus difficile à accomplir que nous voulons l'accomplir plus exactement ; ainsi le simple problème de construire une tige d'une longueur pratiquement invariable, problème que l'on a entrepris de résoudre il y a trente ans environ, a exigé, pour sa solution, qu'on utilisât toutes les ressources de la science la plus développée et de la technique la plus perfectionnée, attendu que les matières usuelles ne présentent aucunement l'invariabilité nécessaire. Mais, malgré les changements inévitables que le temps, peu à peu, opère partout, le monde accessible à notre expérience est formé essentiellement de composants que nous nous attendons avec raison à retrouver le lendemain à peu près tels que nous les avons laissés la veille. Cela tient à ce que les énergies que nous avons reconnues comme les énergies fondamentales des corps restent réunies sans que leurs extensités subissent de changements notables, et ne peuvent être transportées qu'en même temps d'un endroit à un autre. Il en est autrement pour la chaleur. Quoique nous ne la connaissions que dans les corps, c'est-à-dire associée aux énergies fondamentales (ce qu'on appelle chaleur rayonnante n'est aucunement de la chaleur mais de la lumière dans une acception large du mot), elle montre cependant une grande mobilité, et la quantité de chaleur contenue dans un corps donné change avec la température de ce corps.

81. — Plus mobile encore est l'énergie électrique, qui, d'habitude, se trouve seulement en quantités infimes dans les corps, et qui montre toujours la tendance la plus marquée à se transformer en d'autres énergies. C'est à cause de cette mobilité qu'il est nécessaire de produire seulement au moment d'en faire usage l'énergie électrique qui est employée dans l'industrie. Les appareils dénommés accumulateurs n'accumulent aucunement de l'énergie électrique ; ce qu'ils contiennent après avoir été chargés, c'est exclusivement de l'*énergie chimique*, qui, grâce à leur disposition, se transforme facilement et vite en énergie électrique à mesure que de l'énergie électrique leur est enlevée.

82. — Par contre, l'énergie *chimique* fait partie, tout autant que les énergies fondamentales précédemment énumérées, des composants constants de tous les corps, et a un caractère « matériel » prononcé. Si les propriétés chimiques n'ont pas été classées parmi les propriétés fondamentales de la « matière » lorsque fut établie la notion de matière, c'est uniquement parce qu'à cette époque on connaissait mal les phénomènes chimiques. Le fait, emprunté à la vie de tous les jours, que l'on achète au poids des substances qui sont utilisées pour leurs propriétés chimiques, comme les aliments et le charbon, témoigne de la proportionnalité qui existe entre l'énergie chimique et l'énergie de gravité. Toutefois, le facteur de proportionnalité est loin d'être

le même pour toutes les substances, comme le facteur de proportionnalité qui existe entre la masse et le poids, car les différentes substances ont les teneurs les plus diverses en énergie chimique.

83. — Si rapide qu'ait dû être cette esquisse de l'énergétique du monde matériel, il me semble qu'elle a suffi à montrer que l'on peut résoudre de la façon la plus complète le problème de la représentation en termes d'énergie de tous les phénomènes physiques. Partout il nous a suffi de laisser parler les faits, tels qu'on les connaît, pour trouver leur expression énergétique ; nous n'avons jamais eu besoin de recourir à des représentations hypothétiques, c'est-à-dire à de ces représentations dont l'exactitude est impossible à démontrer. Dans la plupart des cas, les choses ont pris à nos yeux un aspect différent de celui auquel nous avait accoutumés le matérialisme scientifique, car, à la place de la réalité (très douteuse) de la matière, nous est apparue celle de l'énergie. Le lecteur qui n'est pas encore familiarisé avec l'idée nouvelle qui nous a guidés ici aura d'abord la plus grande peine à s'en pénétrer. Toutefois ma longue expérience d'élèves présentant la plus grande diversité à l'égard de l'instruction et des aptitudes intellectuelles m'a amené à la conviction qu'il suffit d'adopter franchement cette idée pour pouvoir s'en faire un instrument commode et d'un maniement sûr, à l'aide duquel on arrive plus vite et mieux à comprendre les

phénomènes naturels qu'en étudiant le mélange
traditionnel de faits et d'hypothèses qui remplit
les introductions de nos ouvrages classiques de
physique et de chimie. La difficulté qu'éprouvent
tous les professeurs à exposer les idées direc-
trices de telle façon que les élèves les compren-
nent bien et qu'elles deviennent une base sûre
pour leurs acquisitions ultérieures, cette difficulté serait inexplicable si les généralités qu'ils
enseignent ne contenaient pas des erreurs sur le
fond des choses et sur leur interprétation. Le
professeur le plus soigneux ne peut pas introduire dans ces généralités une harmonie qu'on
n'a pas su y mettre quand on les a établies.
L'harmonie, c'est au moyen de l'énergétique
qu'on y parvient. En proclamant que toutes les
espèces d'énergie peuvent se transformer les unes
en les autres, elle permet de voir le lien commun qui unit la matière pondérable avec les
« forces » impondérables, l'une et les autres res-
sortissant à la notion d'énergie. Et, en même
temps, en mettant en lumière la nature particulière de chaque forme d'énergie, elle détermine
des conceptions et des représentations diverses
et assez souples pour s'appliquer aux phénomènes réels les plus divers. D'une part, en
n'émettant jamais d'hypothèses sur la manière
dont les choses se présenteraient à qui pourrait
pénétrer dans le « fin fond » de la nature, elle ne
fait pas obstacle à l'acceptation impartiale des
faits ; d'autre part, elle laisse à ses adeptes la
liberté de faire bénéficier l'interprétation de faits
nouveaux des progrès de la science. C'est pour-

quoi la théorie énergétique relative à n'importe
quel domaine scientifique ne sera jamais ruinée
par les progrès que pourra faire la science, de
même que ne seront jamais ruinés par les progrès de la science les théorèmes relatifs à la simi-
litude des triangles. Tout ce qui pourra arriver
aux lois énergétiques, c'est d'être élargies ou
précisées ; l'édifice qu'elles forment sera peut-
être embelli ; jamais il ne sera démoli et reconstruit. Ce qui a été à mainte reprise démoli et
reconstruit — et il était inévitable qu'il en fût
ainsi — ce sont les hypothèses mécanistes. Que
l'on se rappelle seulement toutes les hypothèses,
toutes les théories qui ont été faites sur la lumière :
l'hypothèse des Grecs, suivant laquelle des images
se détacheraient des objets sous forme de peaux
pour parvenir à l'œil ; celle des corpuscules de
lumière de Newton ; la théorie de la vibration de
l'éther, soutenue par Huyghens et ses succces-
seurs, théorie qui avait une base mécano-élasti-
que ; enfin la moderne théorie électro-magnétique.

Ainsi la représentation énergétique des phénomènes physico-chimiques se rapproche autant
que possible de l'idéal d'une représentation scientifique. Pour être parfaite, il faut qu'une représentation soit, suivant l'expression mathématique usuelle, *nécessaire* et *suffisante*. Nécessaire,
en ce qu'elle ne contiendra que les éléments de
la réalité qu'il s'agit de représenter, et par conséquent, aucun élément arbitraire. Suffisante,
en ce qu'elle contiendra tout ce qui doit être
représenté. Si l'on songe que la représentation
des phénomènes ne doit être logique et cohérente

que pour pouvoir remplir le but éminemment
pratique de permettre de faire avec le plus de
facilité et de netteté possible des prédictions
venant s'ajouter à celles qui forment le contenu
de la science, on verra que, même du seul point
de vue de l'enseignement, cette représentation
ne pourra jamais être trop logique ni trop cohérente. Il y a un grand inconvénient à présenter
aux élèves des théories manquant de rigueur, de
ces théories dont on excuse si volontiers l'insuffisance en disant qu'elles facilitent la compréhension des faits ; elles ne le font qu'en apparence,
et sont cause que les élèves acquièrent et gar-
dent des idées confuses sur des points importants.
Les professeurs prétendent souvent que telle
théorie nouvelle est d'une compréhension difficile pour les élèves, alors que ce sont eux-mêmes
qui ont de la peine à rectifier leurs idées erronées
et à se pénétrer de cette théorie. En réalité, les
élèves comprendront d'autant mieux une théorie
qu'elle sera plus cohérente et contiendra moins
de choses arbitraires.

CHAPITRE X

LA VIE

84. — S'il suffit d'un très faible développement
intellectuel et de très peu de connaissances pour
distinguer un être vivant d'un être dépourvu de
vie, la science a toujours éprouvé la plus grande
difficulté à donner de la vie une définition adéquate. Sans doute, l'expérience journalière montre de nombreux caractères différenciant les êtres
vivants de ceux qui ne le sont pas, mais on ne
trouve pas dans ces caractères les éléments d'une
définition rigoureusement scientifique. Les difficultés que présente cette définition indiquent
qu'il y a certaines insuffisances dans la manière
dont on conçoit la question de la vie. Aussi
allons-nous rechercher si l'on peut utiliser les
notions énergétiques pour découvrir quelle est
l'essence de la vie.

De notre point de vue, *une manifestation constante d'énergie*, si elle ne suffit pas à caractériser
la vie, en constitue un caractère essentiel. Un
être vivant est avant tout un système qui, d'une
façon constante, reçoit de l'énergie de l'extérieur
et en émet. Comme, au cours de ces processus,

sa forme reste à peu près inchangée, ou, si elle change notablement, ne le fait que très lentement, un échange constant d'énergie avec conservation de la forme sera pour nous un premier caractère et un caractère essentiel de la vie. Un pareil système, qui, malgré des changements internes, a une certaine stabilité, est appelé un *système stationnaire ;* les êtres vivants sont donc au premier chef des êtres stationnaires.

Mais cette propriété ne suffit pas à caractériser les êtres vivants, car nous connaissons beaucoup de choses stationnaires qui ne sont pas des êtres vivants. Une flamme est un système qui garde également sa forme pendant qu'il en sort et qu'il y entre continuellement des substances et des énergies ; un fleuve garde aussi sa forme, bien que ses eaux se renouvellent sans cesse. Remarquons, toutefois, que, si une flamme et un fleuve ne font pas partie des êtres vivants, la ressemblance qu'ils présentent avec eux, et qui tient précisément à ce que ce sont des systèmes stationnaires, est si frappante que l'on emploie couramment des images telles que « le fleuve de la vie » ou « la flamme de la vie ». On ne compare pas à des êtres vivants les systèmes qui, *grosso modo*, sont invariables, comme les montagnes ou les mers, ni ceux qui, tout en étant variables, ne varient pas à la manière des systèmes stationnaires, comme les tempêtes ou les nuages.

85. — Pour qu'un système énergétique reste stationnaire, il faut qu'il y ait une source qui

remplace constamment les énergies qui s'en échappent. Si nous appelons *aliments*, en prenant ce mot dans son sens le plus large, les énergies qui viennent remplacer celles qui sont émises par un système, nous dirons que sans alimentation il n'y a pas de vie. Sans doute, une flamme et un fleuve ont également besoin d'aliments, car ils ne tardent pas à cesser d'exister quand leurs pertes continuelles ne sont pas compensées. Mais on constate que les êtres vivants se procurent *eux-mêmes* leurs aliments ; même lorsque, incapables de se mouvoir, comme les plantes et beaucoup d'animaux marins, ils sont obligés d'attendre que des aliments appropriés arrivent à leur portée, ils ne reçoivent pas passivement ces aliments ; ils sont constitués de façon à ne fixer, parmi les choses diverses qui s'approchent d'eux, que celles qui sont propres à leur alimentation. C'est là une propriété qui ne se trouve pas chez les choses stationnaires non vivantes, et qui, par suite, est caractéristique de la vie.

Nous voyons apparaître ici une nouvelle notion, qui n'est pas applicable au monde inorganique, celle de *but*. La propriété d'un système, de fixer les aliments alors qu'il ne fixe pas les autres corps, assure la durée de ce système. Si l'on considère la conservation du système comme le but de cette propriété, on dira que cette propriété est conforme à un but. Du point de vue biologique, les expressions de « conforme à un but » et de « assurant la conservation » ont la même signification, car il n'existe pas de but biologique autre que celui de la conservation. Il faut bien retenir ce point, sans quoi l'on pourrait se former, par suite de la multiplicité des notions qui s'attachent, dans le langage courant, au mot de « but » des idées confuses ou erronées sur le but biologique.

86. — Il importe de remarquer que la notion de conservation a deux aspects différents suivant qu'elle vise la *conservation de l'individu* ou la *conservation de l'espèce*. Généralement, ce qui assure la conservation de l'individu assure celle de l'espèce, et réciproquement, mais il y a des cas où c'est le contraire qui est vrai. Dans de pareils cas, ce qui assure la conservation de l'espèce est plus conforme au but biologique que ce qui assure la conservation de l'individu ; car, dans de certaines conditions, l'espèce peut subsister alors que l'individu périt (comme, par exemple, quand l'individu périt après s'être reproduit) ; tandis que si c'est l'espèce qui périt, le but biologique n'est aucunement atteint, puisque l'individu ne tarde pas à disparaître aussi. Ces considérations purement techniques suffisent manifestement à résoudre la question ; il n'est pas besoin, pour ce faire, de chercher à démontrer, par des spéculations mystiques ou métaphysiques, que l'espèce a une plus grande valeur que l'individu ; d'ailleurs des spéculations de ce genre n'ont pas à intervenir dans de pareilles questions.

Tous les êtres vivants ont encore une autre propriété spéciale, celle de se reproduire. Sans doute, on pourra, à juste titre, comparer le fait d'une flamme s'allumant à une autre, à la reproduction organique ; toutefois il y a entre les deux phénomènes la même différence que celle que nous venons de constater au sujet de l'alimentation. Les conditions extérieures seules déterminent si une flamme pourra se reproduire et si elle se reproduira ; elle ne fait elle-même rien de particulier pour se reproduire. Il en est tout autrement des êtres vivants ; ils jouent un rôle actif dans leur reproduction, tout comme ils jouent un rôle actif dans leur alimentation.

En vertu de la reproduction, il naît un ou plusieurs êtres semblables à l'être primitif. Ainsi non seulement il apparaît des êtres nouveaux, mais encore ces êtres ne sont pas des êtres quelconques ; ils ressemblent plus à leurs parents qu'à n'importe quels autres êtres. Il ne faudrait pas dire qu'il va de soi qu'un être nouveau ressemble à ses parents, car, si c'est de ses parents qu'il reçoit les matières qui lui sont nécessaires pour commencer son existence, c'est du monde extérieur qu'il tire la nourriture au moyen de laquelle il développera plus ou moins complètement son corps ; or ce monde extérieur aide à la formation d'innombrables êtres vivants tout à fait différents de l'être considéré, bien que les substances qu'il met à la disposition des uns et de l'autre soient les mêmes. Il y a donc dans ce que le nouvel être a reçu de ses parents quelque chose qui assure sa ressemblance de forme et de propriétés avec eux.

Nous reviendrons là-dessus un peu plus loin ; pour le moment, nous allons considérer la propagation de l'espèce au point de vue du but qu'elle peut remplir. Remarquons qu'il n'est pas d'être vivant qui soit à l'abri d'une destruction accidentelle. Car, pour qu'un être vivant subsiste, il faut qu'un grand nombre de conditions soient remplies; la mort survient dès qu'*une seule* de ces conditions n'est plus remplie, quelque parfaitement que les autres conditions puissent continuer à l'être. Par conséquent, nous n'apprendrons à connaître qu'exceptionnellement et accidentellement les êtres d'une organisation spéciale qui ont des produits différents d'eux. Comme ceux qui ont des produits semblables à eux existent en un grand nombre d'exemplaires, il nous sera, au contraire, facile de les connaître. Ainsi on ne doit pas dire que l'existence d'êtres ayant des produits semblables à eux est le but objectif de la vie sur la terre; on doit dire que les circonstances veulent que nous ne puissions guère apprendre à connaître que des êtres ayant des produits semblables à eux.

Il faut aussi remarquer que les êtres dont les produits sont semblables à eux ont plus de chances de subsister que les autres. Si les conditions de vie qui ont été celles des parents sont également avantageuses aux descendants à cause de leur ressemblance avec ceux-ci, comme ces conditions leur sont facilement assurées, ils ont beaucoup de chances de subsister. Si, au contraire, il leur faut, pour vivre, des conditions différentes, leur développement sera contrarié par leur dépendance à l'égard de leurs parents et des conditions de vie de ceux-ci, dépendance qui existe nécessairement au moins pendant une partie de la jeunesse, et il n'est pas certain qu'ils puissent rencontrer plus tard les conditions qui leur seraient avantageuses et qui leur permettraient de subsister. Pareille désharmonie se manifeste parmi les hommes quand l'état des choses change rapidement dans un pays; tout le monde connaît les difficultés que rencontre alors le développement de la jeune génération.

87. — C'est principalement l'énergie chimique qui sert à former le système énergétique des corps vivants. La raison en est que l'énergie chimique est, de toutes les espèces d'énergie, la plus concentrée, et, en même temps, celle qui se conserve le mieux. Nous avons vu précédemment que c'est le soleil qui accumule et qui entretient dans les êtres vivants la provision d'énergie libre aux dépens de laquelle ils subsistent. Or le soleil n'est, en moyenne, que douze heures sur vingt-quatre au-dessus de l'horizon. Par conséquent, pour que l'énergie émise par le soleil puisse permettre à un système d'avoir une existence *durable*, il faut que ce système soit organisé de façon à absorber pendant les douze heures de jour non seulement la quantité d'énergie correspondant à ses besoins immédiats, mais encore celle dont il aura besoin pendant les douze heures de nuit. Car, une fois qu'il y a eu interruption, pendant un temps appréciable, du flux « stationnaire » d'énergie qui passe ordinairement à travers ce système, flux qui caractérise la vie,

la machine, en général, ne se remet pas en mouvement d'elle-même quand elle trouve de nouveau de l'énergie libre à sa disposition. Chez la grande majorité des êtres vivants, une interruption même très courte de ce flux suffit à amener un arrêt permanent, c'est-à-dire la mort.

Il faut donc, pour que les êtres vivants subsistent, que l'énergie qu'ils reçoivent du soleil pendant le jour se transforme, au sein de leur organisme, en une énergie durable et appropriée, qui puisse entretenir le flux pendant la nuit. De toutes les formes d'énergie que nous connaissons, aucune n'est aussi propre à remplir ce but que l'énergie chimique. C'est ce que l'on reconnaît au fait que les provisions d'énergie qui servent à remplir les autres buts de la vie et ceux de l'industrie sont toutes des provisions d'énergie chimique. Nos aliments sont faits d'énergie chimique, et, jusqu'à ces derniers temps, l'énergie employée par les différentes branches de l'industrie a été demandée presque exclusivement au charbon fossile, qui constitue la grande source d'énergie chimique. Ce n'est que depuis fort peu de temps que l'on commence à utiliser sur une grande échelle l'énergie mécanique que le soleil met à notre disposition sous forme de masses d'eau élevées au-dessus du sol.

Notre organisation répond jusque dans ses moindres détails à la nécessité qu'il y a, en vertu d'une loi commune, à ce que l'énergie du corps humain soit de l'énergie chimique. Nos muscles travaillent au moyen d'énergie chimique, et le fonctionnement de nos nerfs, fonctionnement dont le principe est encore si mystérieux, est lié de la façon la plus étroite à la présence de cette espèce d'énergie. De plus, un phénomène capital présenté par tous les êtres vivants et par les êtres vivants seuls repose, suivant toutes les probabilités, sur des actions chimiques ; ce phénomène que E. Hering a été le premier à constater, c'est celui de la *mémoire*, en prenant ce mot dans un sens tout à fait général.

88. — Tous les êtres vivants, sans exception, possèdent cette propriété que, quand une opération s'est effectuée en eux une ou plusieurs fois, ils peuvent la répéter beaucoup plus facilement qu'ils ne peuvent accomplir une opération nouvelle. Ce phénomène est loin de se présenter dans tous les domaines de la nature : il en est si loin que c'est le phénomène contraire qui est de règle dans le monde inorganique. Un fil métallique ne conduit pas mieux l'électricité pour l'avoir déjà conduite, et une chaudière ne s'échauffe pas plus vite pour avoir déjà été chauffée des milliers de fois. En d'autres termes, les systèmes inorganiques ne conservent pas, pour la plupart, de traces de leur *histoire ;* ils sont aussi neufs à l'égard d'une opération qui se répète en eux qu'ils l'étaient la première fois que cette opération s'est accomplie. Ce n'est que dans des cas exceptionnels et assez compliqués qu'ils présentent un phénomène ayant quelque analogie avec celui dont il est question ici ; ainsi les parties d'une machine qui sont soumises à des frottements se

polissent par l'usage, et le jeu de la machine en est facilité. Mais, même dans ce cas, on pourrait réduire à zéro la période d'accoutumance en amenant au plus haut degré de poli dont elles sont susceptibles les parties soumises à des frottements. Il s'agit donc ici d'une ressemblance plus fortuite qu'essentielle.

Dans le monde organique, au contraire, ce phénomène est général. On a mentionné plus haut le fait remarquable de la ressemblance que les enfants prennent avec leurs parents, même lorsqu'ils restent soustraits à leur influence pendant la plus grande partie de leur croissance. Parmi les théories que l'on peut proposer pour expliquer ce fait, la plus plausible est la théorie chimique, d'après laquelle la transmission aux enfants des particularités présentées par les parents repose sur des particularités correspondantes des substances reproductrices. Si nous disons que c'est la théorie chimique qui est la plus plausible, c'est que, ainsi qu'on l'a vu, il n'y a, en dehors de l'énergie d'espace [1], que l'énergie chimique qui forme partie intégrante des substances pondérables. Or l'immense diversité des êtres vivants ne peut guère être attribuée aux différences relativement presque nulles des énergies d'espace ; il ne reste donc, parmi les énergies connues, que l'énergie chimique dans les différences de laquelle on puisse rechercher la cause de cette diversité. Sans doute,

1. Sous le nom d'énergie d'espace je comprends les énergies de mouvement, de gravité et de forme ainsi que les énergies de volume et de surface.

il peut se faire que d'autres énergies encore in-
connues jouent également un rôle ici, mais,
jusqu'à présent, rien n'a révélé l'existence d'énergies différentes de celles que nous avons étudiées.

Or on peut imaginer et réaliser des expériences
de chimie où un processus donné s'effectue plus
facilement quand il est répété que quand il se
produit pour la première fois, et montrer ainsi
qu'il existe dans l'ordre chimique des phénomènes
de mémoire ressemblant à ceux qui se manifestent
chez les êtres vivants. Je suis tout prêt à reconnaître que les ressemblances constatées sont très
superficielles ; mais il faut considérer que le
domaine des phénomènes chimiques auxquels il
est fait allusion ici [1] n'est soumis que depuis une
dizaine d'années à une exploration méthodique,
et que, par suite, on n'en connaît encore qu'une
faible partie.

On est donc obligé de reconnaître qu'il existe
des phénomènes chimiques de nature à permettre
que se produise une réaction mnésique telle que
celle que nous avons indiquée. Nous venons de
montrer qu'une pareille réaction, si elle existe,
ne peut que faciliter dans une très grande mesure
la conservation de l'espèce. Or, d'après une
remarque que l'on a faite, et sur laquelle a surtout insisté Charles Darwin, on a le droit de
considérer comme un fait général que les propriétés utiles pour la conservation de l'espèce ont
une tendance, dans le cas où elles sont possibles,
à se développer et à se fixer dans cette espèce.

1. Il s'agit des phénomènes catalytiques.

Si cette remarque ne nous permet aucunement de découvrir de quelle façon particulière est née la propriété qui nous occupe, elle nous montre du moins que les phénomènes de mémoire rentrent parfaitement dans le cadre des autres phénomènes organiques.

89. — Il sera peut-être utile de faire ici une observation générale sur de pareilles questions. Les problèmes de science *appliquée* en face desquels nous nous trouvons quand nous cherchons à expliquer, à l'aide de nos connaissances des lois naturelles, n'importe quel phénomène naturel compliqué, sont particulièrement délicats. Car la nature met en œuvre des moyens infiniment nombreux, tandis que nous, nous ne pouvons jamais faire nos tentatives d'explication qu'à l'aide des seules données que nous fournit la science au moment où nous sommes, données extrèmement incomplètes. Contentons-nous d'un seul exemple, tiré d'une époque toute récente : on n'avait pas pu trouver, jusqu'à ces derniers temps, d'explication quelque peu satisfaisante de l'origine de la chaleur solaire, toutes les sources *connues* d'énergie étant beaucoup trop pauvres pour remplacer les quantités énormes de chaleur que le soleil perd par rayonnement. Par la découverte du radium, lequel représente une source d'énergie d'une concentration d'un trillion de fois plus grande, en nombre rond, que celles que l'on connaissait jusqu'à ces derniers temps, le problème a cessé d'être insoluble. Certes, il n'est pas

prouvé que le rayonnement solaire résulte d'une opération analogue à la décomposition spontanée du radium. Mais on n'a plus le droit de dire qu'aucune source connue n'est en état de couvrir les besoins du soleil, car on connaît maintenant une source qui est assez puissante pour cela, et il est même permis, après cette expérience, de penser qu'il peut exister des sources d'une nature différente et d'une importance semblable.

Il en est, à cet égard, des phénomènes présentés par les êtres vivants comme de ceux de la nature inanimée : il se pose à propos d'eux des milliers de problèmes, parmi lesquels il s'en trouve certainement un très grand nombre que les moyens actuels de la science ne permettent pas de résoudre. Mais les moyens que la science met à notre disposition se développent de jour en jour, et ce qui est insoluble aujourd'hui sera peut-être facile à résoudre demain. Aussi le fait que l'on n'arrive pas à expliquer tel ou tel phénomène vital ne prouve-t-il jamais que ce phénomène soit inexplicable. Quiconque veut à toute force parvenir à expliquer, au moyen des données actuelles de la science, tous les phénomènes vitaux, montre par là qu'il n'a pas encore réfléchi à l'insuffisance de ces données. On en peut dire autant de ceux qui, parce que les interprétations de la biologie scientifique sont encore incomplètes, soutiennent que les phénomènes vitaux sont essentiellement inexplicables.

90. — Je ne suis pas d'avis — je tiens à ap-

puyer sur ce point — que, dans l'interprétation des faits de la vie, on doive nécessairement se trouver en face d'un résidu qui, par son principe, échappe aux prises de la science. Si des hommes judicieux affirment pareille chose, c'est là une des nombreuses conséquences regrettables du matérialisme scientifique. Pour les partisans de cette doctrine, qui a prédominé pendant le dernier tiers du dix-neuvième siècle, et à laquelle adhèrent aujourd'hui encore beaucoup de savants, explication scientifique a toujours voulu dire : « réduction à la mécanique des atomes ». Quiconque s'est livré à des études personnelles sur les questions qui nous occupent ici sera prêt à accorder que, pour d'innombrables phénomènes, en particulier dans le domaine biologique, une pareille réduction est impossible. Mais, si l'on envisage les choses à la manière de Robert Mayer, c'est-à-dire à la manière des énergétistes, et que l'on se dise : « du moment qu'un fait est connu sous toutes ses faces, il est par cela même expliqué, et la tâche de la science est terminée », on ne trouve jamais et nulle part de cause pour renoncer à l'espoir de parvenir à expliquer scientifiquement un phénomène ni à celui de faire telle ou telle conquête scientifique ; car tout fait qui entre dans la sphère de notre observation remplit par cela même la condition de pouvoir nous être de mieux en mieux connu et, par suite, tombe au pouvoir de la science.

91. — Quelle attitude aurons-nous, par exem-

ple, en face de la question de savoir si l'on arrivera jamais à produire artificiellement un être vivant? Nous dirons que, si nous connaissons déjà un nombre considérable de phénomènes vitaux, nous ne les connaissons pas encore assez exactement pour pouvoir décider si les moyens nécessaires pour produire artificiellement un être vivant sont en notre pouvoir. Voici qui va faire comprendre cette attitude. Les alchimistes ont cru qu'il était possible de transformer du plomb en or. On a découvert, il y a quelques siècles, la loi de la conservation des éléments, et l'on a conclu de cette loi qu'une pareille transformation est impossible. A côté des savants prudents qui traitaient l'impossibilité d'effectuer la transmutation du plomb en or comme un fait purement expérimental pouvant être démenti à chaque instant par une expérience réalisant cette transmutation, il y avait des « théoriciens » qui se fondaient sur l'hypothèse atomique pour soutenir l'impossibilité absolue d'opérer pareille transmutation, et pour qui les expériences manquées des alchimistes témoignaient des idées fausses qui régnaient au moyen âge. Or, dans les derniers temps, Wiliam Ramsay, auquel nous devons tant de découvertes merveilleuses, a couronné son œuvre en observant et en décrivant des cas de transformation indubitable d'un élément en un autre. Si pareille transformation, jadis impossible, a pu être obtenue, c'est grâce à l'emploi du radium, qui contient de l'énergie libre beaucoup plus concentrée que n'importe quel autre système terrestre. On voit que, dans cette question, les seuls qui aient eu tort, ce sont les théoriciens, qui affirmaient que la transmutation des éléments était impossible. En essayant de transmuer les éléments, les alchimistes avaient entrepris une tâche qui, en elle-même, n'était pas impossible à mener à bien, seulement ils l'avaient entreprise avec des moyens inefficaces ; dès qu'il exista des moyens adéquats (et un homme sachant les utiliser), cette tâche fut accomplie. Je ne crois pas — ai-je besoin de le dire? — que le radium fournisse également le moyen de produire un être artificiel. On ne connaît pas encore assez cette question pour qu'il soit possible d'avoir sur elle une opinion arrêtée, car la partie de la chimie qu'il faudrait posséder et appliquer — je veux parler de la dynamique chimique — pour arriver à comprendre les phénomènes de la vie n'existe, en tant que science régulièrement cultivée, que depuis une vingtaine d'années. Mais on ne saurait indiquer de raison générale qui pût empêcher la dynamique chimique de se développer suffisamment pour permettre de porter un jugement certain sur la question de savoir si la production artificielle d'un être vivant est possible.

Maintenant que nous avons vu que les phénomènes de la vie, lorsqu'ils sont de nature physique, sont accessibles à l'investigation scientifique, nous allons passer à un autre groupe de phénomènes, qui, tout en étant également liés à la vie, sont pourtant considérés comme séparés des phénomènes physiques par un abîme. Il s'agit des phénomènes psychologiques, ou phénomènes relatifs à la *vie de l'âme*. On nous accordera faci-

lement que la science a également des droits sur
ces phénomènes, car l'on connaît déjà des lois
psychologiques. Ces lois, il est vrai, paraissent
être encore assez loin d'avoir la netteté et l'exactitude des lois physiques. Mais on ne trouvera
là rien que de très naturel si l'on considère que,
plus les questions sont compliquées, moins parfaites en sont nécessairement les solutions. Quoi
qu'il en soit, il importe, étant donné l'imperfec-
tion des lois psychologiques, que nous recher-
chions maintenant si la notion d'énergie, qui nous
a fourni pour les phénomènes de la vie un cadre
approprié, peut également s'appliquer aux phénomènes psychologiques.

CHAPITRE XI

LES PHÉNOMÈNES PSYCHOLOGIQUES

92. — Il régnait primitivement dans l'antiquité grecque, au sujet de l'âme et du corps, une doctrine unitaire, qui fut ruinée par Platon, pour ne réapparaître que de nos jours, et sous une autre forme. Démocrite, par exemple, qui se rapproche plus, d'ailleurs, des penseurs modernes que Platon, considérait encore le corps et l'âme comme étant de même essence, avec cette seule différence que l'âme était composée d'atomes particulièrement petits et mobiles. Platon établit entre le corps et l'âme une distinction fondamentale, non seulement au point de vue de leur essence, mais encore à celui de leurs valeurs relatives, et, dans cette attribution de valeurs, le corps, comme on le sait, fut mal partagé. Par sa conception du péché, le christianisme maintint la distinction faite par Platon, et lorsque, au commencement des temps modernes, reparurent dans l'Europe centrale une philosophie et une science naturelle indépendantes, elles empruntèrent à la conception du monde qui avait cours alors cette distinction entre le corps et l'âme, qui

leur semblait impossible à révoquer en doute, et en firent la base de leurs nouvelles doctrines. Ainsi Descartes crut pouvoir démontrer qu'il y a entre l'âme et le corps une opposition semblable à celle qui existe entre la pensée et l'étendue. Leibniz tâcha d'établir un accord entre les deux mondes opposés ; d'où sa conception de l'harmonie préétablie.

Il est une théorie qui contribua beaucoup à empêcher la renaissance de la doctrine de Démocrite, d'après laquelle il n'y a entre l'âme et le corps que des différences de degré. Cette théorie, c'est la théorie mécaniste. La mécanique était le premier domaine où la science nouvelle avait satisfait son ardeur de conquête. De plus, par ses rapports étroits avec la géométrie, que l'antiquité avait laissée dans un état de grande perfection, elle apparaissait comme la science normale de la nature, comme la science à laquelle, en dernière analyse, toutes les autres devaient être ramenées. Rien n'est plus explicable ni plus excusable qu'une pareille idée, car à chaque progrès important que fait la science, on s'imagine que les nouveaux moyens que l'on a à sa disposition permettront de résoudre *tous* les problèmes encore en souffrance. Comme on avait établi une séparation absolument tranchée entre le domaine psychologique et les sciences naturelles, il semblait qu'il n'y eût pas à craindre que la doctrine mécaniste se mêlât d'interpréter les phénomènes de l'âme.

Leibniz, lui aussi, voit là deux domaines tout à fait distincts. D'après lui, si nous pouvions entrer « comme dans un moulin » dans un cerveau en train de penser, et l'observer pendant qu'il travaillerait, nous ne percevrions pas autre chose que des atomes en mouvement, nous ne percevrions aucune trace des idées qui se forment dans ce cerveau. Il n'existe donc, d'après lui, aucun pont conduisant d'un monde à l'autre. Il rejeta avec raison, comme incompréhensible, l'idée de Descartes d'après laquelle les deux mondes se toucheraient par une glande du cerveau, la glande pinéale, qu'ils auraient en commun, et il admit que, par un acte du Créateur, les deux mondes avaient été, à l'origine, liés l'un à l'autre de telle façon qu'à des *mouvements* déterminés du corps correspondissent exactement, au point de vue du temps et du lieu, des *phénomènes de l'âme*. Il exclut dès l'abord toute autre forme de liaison, et en particulier, à cause de leur diversité, les rapports de causalité.

La pensée des philosophes postérieurs à Leibniz n'eut pas toujours la même rigueur. Comme on le sait, Leibniz, pour rendre sa conception sensible, avait imaginé deux horloges réglées à l'origine par le Créateur de telle façon qu'elles indiquassent toujours la même heure, sans que l'une, cependant, pût influencer l'autre en aucune manière. On a cherché à bien des reprises si les deux mondes ne pourraient pas s'influencer de quelque façon que l'on pût concevoir. Fechner émit l'idée qu'au fond les deux horloges n'en font qu'une, que le domaine de l'âme et celui de la matière ne sont pas plus distincts l'un de l'autre que le côté concave et le côté convexe d'un cercle, qu'ils représentent la même chose vue de deux côtés différents ; mais son idée, qui, à première vue, semble résoudre le problème, se heurte à l'impossibilité de montrer comment l'homme pourrait arriver à se trouver à la fois à ces deux points de vue. Toutes les tentatives du genre de celle de Fechner ont échoué ; il en résulte que la doctrine la plus répandue, aujourd'hui encore, sur les rapports du corps et de l'âme est celle de l'harmonie préétablie de Leibniz ; il est vrai qu'au nom d'harmonie préétablie on a substitué celui de *parallélisme psychophysique*, et que les partisans de cette doctrine ne peuvent pas se résoudre, pour la plupart, à l'exprimer sous la forme claire que lui avait donnée Leibniz.

93. — Quand les efforts incessants et prolongés d'hommes éminents n'ont pas réussi à faire disparaître une contradiction de ce genre, il y a beaucoup de chances pour que la faute n'en soit pas aux conclusions qu'ils ont tirées des hypothèses émises, mais à ces hypothèses elles-mêmes. Si l'on ne peut pas faire accorder l'hypothèse d'une différence essentielle entre les choses du corps et celles de l'esprit avec le fait de leur liaison indubitable et incessamment manifestée, il doit y avoir dans cette hypothèse une erreur fondamentale. On serait donc conduit à admettre qu'entre le corps et l'âme il existe, contrairement à l'opinion de Platon, un rapport de parenté. En face de ce problème trois attitudes sont dès lors possibles. On peut soit rejeter l'opinion de

Platon, soit, au contraire, s'y tenir, soit enfin essayer de parvenir à une conception qui englobe et par là unisse les deux conceptions de corps et d'esprit. Considérons successivement ces trois attitudes possibles.

Adopter la première, c'est adhérer au *matérialisme;* adopter la seconde, c'est accepter la doctrine contraire, celle du *spiritualisme.* D'après la première de ces doctrines, il n'y a pas de différence essentielle entre le corps et l'esprit, attendu que l'esprit n'est qu'un produit du corps. D'après la seconde, au contraire, le monde n'existe que dans la conscience de chaque individu ; il est, par suite, un produit de son esprit, et l'existence indépendante du monde matériel n'est qu'une illusion.

Je ne me livrerai pas ici à une critique approfondie de ces deux doctrines opposées. Je me bornerai à rappeler que, malgré des siècles de luttes, aucune n'a remporté l'avantage sur l'autre. Le matérialisme est incapable de répondre à la question de savoir comment le corps peut arriver à produire l'esprit, qui diffère totalement de lui, et le spiritualisme est impuissant à réfuter cette objection que, par cela seul que le monde ne se conforme pas à notre volonté, mais suit, bien souvent à notre dommage, ses propres voies, il ne saurait être une création de notre esprit.

Toutes ces difficultés, l'énergétique permet d'en sortir d'une façon, à mon avis, toute naturelle, grâce au fait qu'elle a ruiné et rendu superflue la conception de matière. Comme la matière a été reconnue être un complexus d'énergies diverses, mais un complexus incomplet, puisque des énergies connues, telles que l'électricité et la matière, n'y rentrent pas, un des deux termes contrastés : esprit, matière, disparaît. Autrement dit, on n'a plus à se préoccuper de découvrir comment l'esprit et la matière peuvent agir l'un sur l'autre ; la question que l'on a à résoudre est celle de savoir *dans quelle relation la notion d'énergie, qui est beaucoup plus large que celle de matière, se trouve avec la notion d'esprit.* Les difficultés qu'il y avait à mettre en rapport l'esprit et la matière provenaient seulement de ce que la notion de matière ne convient pas au but que l'on se proposait, attendu qu'elle ne comprend qu'une partie de la réalité physique qui nous est connue, et il y a lieu d'espérer que la notion d'énergie, qui est beaucoup plus vaste, puisqu'elle s'applique à tous les phénomènes physiques, pourra être mise en relation nette avec la notion d'esprit.

Je crois pouvoir présenter les choses ainsi : *les phénomènes psychologiques peuvent être conçus comme des phénomènes énergétiques et interprétés comme tels aussi bien que tous les autres phénomènes.* Entre les opérations psychologiques et les opérations mécaniques il semble y avoir à peu près la même différence et la même ressemblance qu'entre les opérations électriques et les opérations chimiques. Les unes et les autres forment des groupes définis de phénomènes, des groupes bien caractérisés, sans dépendance mutuelle immédiate. Mais, par suite de la propriété que possèdent les phénomènes de la première espèce de pouvoir se transformer, sous des conditions déterminées et suivant des rapports constants, en phénomènes de la seconde espèce, et réciproquement, il y a entre ces deux groupes de phénomènes une liaison tout à fait déterminée et constante. A leur tour, ces phénomènes de transformation réciproque forment par eux-mêmes un groupe de faits, de même que les phénomènes à la fois électriques et chimiques forment un domaine à part, celui de l'électro-chimie.

94. — Afin de fixer nos idées, considérons les faits les plus importants de la vie de l'âme. Et d'abord, elle a sa source dans les expériences des sens. C'est ce que montre bien l'exemple des malheureux qui sont privés depuis leur naissance de l'usage de certains appareils sensoriels. Tout le monde sait que le développement intellectuel d'un sourd-muet, par exemple, est infiniment plus laborieux que celui d'un individu normal, et ne peut, à beaucoup près, arriver à être aussi complet. Et si une personne sourde-muette de naissance est également affectée de cécité congénitale, il semble si difficile qu'elle puisse parvenir à un développement intellectuel moyen que les quelques cas connus, tels que celui d'Helen Keller, où pareil résultat a été obtenu, nous font l'effet de tenir du miracle.

Comme nous l'avons déjà vu, une sensation peut toujours être représentée comme un passage d'énergie du monde extérieur à une partie du corps qu'une organisation particulière rend sensible à de petites différences d'énergie. Le fait que des énergies de différentes espèces agissant sur le même appareil sensoriel provoquent, malgré ces différences, des sensations de même espèce (citons, par exemple, les phénomènes lumineux provoqués par une action mécanique exercée sur les nerfs optiques), ce fait, disons-nous, démontre qu'il se produit déjà dans l'appareil sensoriel considéré une transformation de l'énergie extérieure en quelque chose ayant une autre forme, et qui est propagé par les nerfs. Il ne nous est pas possible de caractériser d'une façon précise ce qui est ainsi propagé ; mais nous savons que cela ne peut pas être un courant électrique ordinaire, attendu que la vitesse de propagation de ce quelque chose est beaucoup plus faible que celle d'un courant électrique. Nous savons aussi que la chose propagée est une *énergie*, car elle peut déterminer des actions physiques, telles, par exemple, que la contraction d'un muscle ; or, tout ce qui peut déterminer de pareilles actions, nous l'appelons énergie. Aussi, pour abréger le langage, nous dirons que nous avons affaire ici à de l'*énergie nerveuse*, sans préciser s'il s'agit d'une espèce d'énergie absolument distincte des autres énergies physiques, ou seulement d'une combinaison particulière d'énergies connues, telle, par exemple, que la combinaison d'énergies mécaniques spéciales qui détermine les sensations toniques. Cette énergie nerveuse a la propriété de rester localisée dans le cylindre-axe des filaments nerveux et de se propager le long de ce cylindre avec une vitesse de quelques douzaines de mètres à la seconde; la vitesse de la propagation varie beaucoup avec l'espèce de sensation et la température. Cette propagation est liée à la connexité organique du nerf, car, si l'on coupe le nerf, puis que l'on en réunisse les tronçons, sa conductibilité, supprimée par la première opération, n'est pas rétablie par la seconde.

Cette énergie nerveuse peut déterminer dans le corps des actions de diverses espèces. Dans la plupart des cas, elle est transmise à l'organe central (cerveau ou moëlle épinière), où elle subit une nouvelle transformation. Souvent cette transformation a pour effet qu'un nouveau courant nerveux se rend à un groupe de muscles et qu'il en détermine la contraction. Ici, nouvelle transformation, car le muscle travaille aux dépens de sa propre énergie chimique, et l'excitation que lui apporte le nerf ne sert qu'à opérer une sorte de déclenchement, de même qu'une pression sur le contact électrique donne à l'énergie électrique l'essor qu'elle était toute prête à prendre. Telle est la manière dont les organismes agissent sur le monde extérieur après que le monde extérieur à agi sur eux. Tel est, en d'autres termes, le mode de réaction de l'organisme sur le monde extérieur. Dans la grande majorité des cas, cette réaction est de nature mécanique ; là où des actions chimiques, électriques et autres peuvent être exercées sur le monde extérieur, ces actions sont généralement liées à des processus mécaniques de toute espèce. Si l'organisme peut entretenir avec le monde extérieur les relations nécessaires à la conservation de l'individu et de l'espèce, c'est parce que de pareilles réactions vont en se perfectionnant. Aussi voyons-nous le nombre et la délicatesse des organes des sens augmenter à mesure que les rapports entre l'organisme et le monde extérieur deviennent plus variés. Un ver intestinal, pour lequel le monde extérieur ne varie presque pas, et qui n'a besoin de chercher ni sa nourriture ni un abri, ne possède pas d'organes des sens, sauf, peut-être, des organes propres à l'informer s'il est entouré d'aliments assimilables. L'homme, au contraire, possède un certain nombre d'appareils sensoriels différents. Ces appareils, il en augmente beaucoup la puissance et la délicatesse par l'emploi des instruments qu'il invente et perfectionne sans cesse; de plus, certains de ces instruments — ce mot étant pris dans son sens le plus général — lui permettent d'utiliser des énergies étrangères. De la sorte, il intensifie ses réactions sur le monde extérieur.

Nous voyons réapparaître ici la notion de *but*, que nous avons expliquée à propos des phénomènes vitaux les plus généraux et les plus simples. On sait que, suivant la remarque fondamentale de Darwin, ce que l'on trouve principalement dans le monde, c'est ce qui a la plus longue durée. Aussi y aura-t-il lieu pour nous de nous demander, à propos de chaque particularité présentée par un être vivant, à quoi elle peut servir. Lorsque nous aurons reconnu qu'une organisation déterminée est utile, nous aurons par cela même découvert un motif pour qu'elle se répète et se conserve une fois qu'elle aura apparu. Quant à la question de savoir quelles sont les causes spéciales de cette apparition, elle relève d'un ordre d'idées essentiellement différent, et l'on n'y peut répondre qu'en étudiant à fond chaque cas particulier. Insistons sur ce point que l'on ferait fausse route en cherchant à prouver que cette apparition est due à une cause unique. Ne savons-nous pas que les êtres vivants disposent de bien des voies et moyens que nous ne connaissons pas, et qu'ici il est non seulement légitime mais encore nécessaire de laisser à nos successeurs le soin d'expliquer des choses encore incompréhensibles aujourd'hui ?

95. — Revenons à la question de l'action de l'énergie extérieure transformée en énergie nerveuse. C'est un phénomène extrêmement général que celui qui vient d'être décrit, et qui consiste en la production, au moyen de transformations multiples, d'une réaction ou réponse déterminée à une impression. Chez beaucoup d'organismes inférieurs, ce phénomène semble constituer la seule forme de la « vie psychique ». De pareils êtres ne *choisissent* pas leurs actions ; une impression extérieure donnée provoque inévitablement chez eux une réaction déterminée de l'organisme. Rappelons, par exemple, l'influence de la pesanteur et de la lumière sur la position des plantes, influence qui s'exerce d'une façon immanquable et irrésistible, que la réaction

produite soit utile ou nuisible à la plante dans le cas particulier considéré. Bien entendu, la réaction est utile dans la majorité des cas ; c'est pour cela qu'elle s'est formée et fixée. Mais, la réaction une fois fixée, la plante ne « juge » plus le cas qui se présente, et il est possible de créer des conditions dans lesquelles la réalisation de cette réaction lui est nettement nuisible.

De pareilles réactions ne présentent rien d'incompréhensible pour nous, même lorsqu'elles s'effectuent à l'aide de dispositions dont nous ne connaissons pas encore les détails. Car il nous est possible d'en réaliser artificiellement, et cela par des moyens très divers. Les automates qui débitent des billets, par exemple, nous fournissent un exemple de pareilles réactions réalisées artificiellement. Leurs réactions peuvent même être plus compliquées que la réaction naturelle dont il a été question en dernier lieu. C'est ainsi que les automates perfectionnés rendent la pièce de monnaie quand elle n'a pas le poids voulu. Toutefois, si, au lieu de la pièce de monnaie appropriée, on y introduit quelque disque ayant les mêmes propriétés et le même poids, la réaction provoquée par l'introduction de ce disque est identique à celle que détermine l'introduction de cette pièce de monnaie. En d'autres termes, ils ne peuvent juger que de la forme, des dimensions et du poids de l'objet qu'ils reçoivent ; ce sont là les seules propriétés de cet objet dont ils puissent juger ; ils ne peuvent pas déterminer s'il possède ou non la propriété d'être une pièce de monnaie. Il n'y a pas, d'ailleurs, de difficulté théorique à construire des automates pouvant juger d'un plus grand nombre de propriétés, pas plus qu'il n'y en a à déterminer la réaction en question au moyen de dispositions mécaniques tout à fait différentes de celles qui sont généralement adoptées.

Dans le cas des automates, comme dans celui des êtres vivants, il y a toujours quelque processus provoqué par une influence extérieure et provoquant à son tour une réaction ; pour les automates, la nature particulière de la réaction est déterminée par la construction de l'appareil. Lorsque l'on réalise d'une façon quelconque, dans le récepteur, un changement identique à celui qui est produit par le processus normal (c'est-à-dire par la chute de la pièce de monnaie), l'appareil répond absolument de la manière habituelle ; le seul rôle de l'énergie extérieure est de provoquer dans l'appareil le changement nécessaire à son fonctionnement ; la nature des opérations qu'il effectue, une fois qu'il est mis en mouvement, dépend de sa construction.

On voit donc que les automates ressemblent aux êtres vivants par le principe sur lequel repose leur fonctionnement. C'est là, d'ailleurs, la raison de l'intérêt considérable qu'ils excitèrent au xviii° siècle. Si les pianistes et les canards artificiels que l'on créa alors ne reproduisaient qu'une très faible partie des fonctions des êtres vivants à l'imitation desquels ils étaient construits, ils n'en prouvaient pas moins que de longues suites de réactions peuvent être effectuées par des machines. Et le fonctionnement d'une de ces machines compliquées qu'emploie l'industrie moderne, d'un métier à dentelle, par exemple, qui réagit d'une façon appropriée à tous les dérangements possibles, évoque invinciblement l'idée d'un organisme vivant. Ajoutons que, très certainement, avec les moyens que l'on possède aujourd'hui, moyens infiniment plus puissants et plus variés que ceux dont on disposait autrefois, on pourrait imiter de beaucoup plus près encore les fonctions de la vie.

Les dispositions offertes par les êtres vivants sont toutes différentes — est-il besoin de le dire ? — de celles que présentent de semblables machines. Il n'en reste pas moins que, puisque l'on peut réaliser artificiellement de pareilles réactions, leur production chez les êtres vivants ne constitue pas une énigme indéchiffrable. Il suffit de connaître un seul procédé permettant d'obtenir des réactions de ce genre, pour pouvoir arriver, à coup sûr, au moyen de recherches patientes, à les connaître tous, et, parmi eux, ceux qu'emploie la nature.

96. — Les organismes supérieurs offrent des suites de réactions qui, par leur très grande complexité, répondent beaucoup mieux au cas qui nous occupe que ne peuvent le faire les simples réflexes que nous avons considérés jusqu'à présent. La diversité des cas détermine ce que l'on appelle le libre arbitre, et la question se pose de savoir si le fait de la réflexion, laquelle conduit à se décider entre différentes possibilités, n'implique pas un principe dont l'explication dépasse

les moyens des sciences naturelles et les dépassera toujours. Au libre arbitre se rattache le fait de la conscience, en particulier de la conscience de soi, et, à s'en rapporter à l'opinion courante, il semblerait que cette propriété spécifiquement humaine ne pût admettre d'explication physico-chimique ni énergétique.

J'insisterai d'abord sur le fait que la faculté de juger et de choisir n'appartient pas exclusivement à l'homme. Les animaux la possèdent également lorsque la complexité du milieu où ils vivent et auquel ils doivent s'adapter est assez grande pour qu'elle leur soit nécessaire. Un oiseau qui vit dans une région d'habitude absolument dépourvue d'hommes ne fuit pas l'homme qui vient à y pénétrer, tandis qu'une vieille corneille expérimentée sait si l'homme qu'elle voit porte ou non un fusil et règle son vol en conséquence. Comme c'est le voisinage de l'homme qui cause les changements les plus nombreux dans les conditions de vie des animaux, les animaux domestiques se distinguent entre tous les autres par le développement de leur jugement. Mais, même en dehors de toute action de l'homme, un grand nombre d'animaux déploient beaucoup de jugement quand il s'agit pour eux de s'emparer d'une proie ou d'échapper à une poursuite ; ils opposent des réactions très diverses aux actions très diverses du milieu.

Si, tandis qu'il suivait le développement de ces considérations, le lecteur a eu à l'arrière-plan de sa conscience le sentiment que les cas exposés en dernier lieu ne présentent que des différences

de degré avec ceux qui ont été examinés précédemment, il n'a eu que partiellement raison.
Car, si ces deux séries de cas offrent de grandes
ressemblances, la seconde diffère de la première
en ce qu'on y voit apparaître un principe nouveau remarquable, principe que, loin de dissi-
muler, nous allons chercher à dégager le plus
nettement possible. Ce principe nouveau, c'est
la *conscience du moi*, qui influence les opérations
électives.

97. — Si l'on envisage le principe du moi du
point de vue ordinaire, c'est-à-dire du point de
vue où se sont toujours placés les philosophes, il
semble être l'abîme de tous les mystères. Qu'a-
vec Kant nous appelions le moi l'unité synthé-
tique de l'aperception, ou que nous y voyions,
avec Fichte, le point central et le centre de gravité du monde, nous nous figurons toujours que
le sentiment du moi, bien que nous l'éprouvions
journellement et d'une façon presque ininter-
rompue, est à jamais inaccessible à notre enten-
dement, et se trouve en dehors du domaine où
la science a le droit ou peut avoir l'espoir d'entrer. Je crois qu'il faut avant tout nous libérer
de cet effroi et nous dire : une chose qui est
liée si étroitement à notre vie, et qui, par suite,
a un nombre immense de relations, doit, à cause
même de ces innombrables relations, offrir des
prises innombrables.

Et, en effet, quand nous étudions ce problème
de plus près, il perd absolument son caractère

effrayant. Nous reconnaissons d'abord qu'à la base du moi est la *mémoire*, cette faculté que possèdent tous les organismes. Ce qui le prouve immédiatement, c'est que, quand la mémoire disparaît, le sentiment du moi disparaît également. Il n'y a guère de personne à qui il ne soit arrivé, pendant une maladie, ou bien au cours d'une narcose ou d'un demi-sommeil, de perdre momentanément l'ensemble de ses souvenirs, et qui n'ait alors réagi en se demandant avec effroi : qui suis-je? Plus frappants encore sont les cas de *moi multiple*, que l'on observe parfois, et où la personnalité du sujet se dissocie de telle façon que, pendant des périodes A son caractère est tout autre que pendant des périodes B. Les souvenirs relatifs aux périodes A forment un tout cohérent et constituent un moi A. Ce moi A, ou bien le moi B ne le connaît pas du tout, ou bien il le connaît comme il connaîtrait une autre personne, et quelquefois alors il le déteste et le méprise.

On ne doit donc pas dire : le moi *a* le souvenir, mais le moi *est* le souvenir. Il est encore un autre attribut essentiel et plus large du moi, à savoir le rappel volontaire des souvenirs latents.

Il n'y a ordinairement dans notre conscience, à un moment donné, qu'une seule chose, qui est tout au plus entourée de choses accessoires dont nous sommes à moitié conscients. Il ne peut donc être question de la présence simultanée dans notre conscience de tous nos souvenirs possibles. Mais nous sommes toujours conscients de posséder le pouvoir de rappeler, sous forme de souvenirs, le plus grand nombre de nos expériences passées, du moins de celles auxquelles nous avons pris et pour lesquelles nous avons conservé de l'intérêt. La plupart du temps, nous pouvons, s'il en est besoin, effectuer cette opération ; lorsque nous n'y parvenons pas, nous avons le sentiment d'une défaillance psychique. Cette *possibilité de souvenirs potentiels* est donc un composant essentiel du moi.

Une autre marque du moi, c'est qu'il varie avec le *caractère* de l'individu considéré, c'est-à-dire avec la manière dont cet individu se conduit dans des circonstances déterminées, ou, d'une façon plus générale, dont il réagit dans des circonstances déterminées. Dans des circonstances semblables il se conduit semblablement, et, plus nous pouvons prévoir exactement sa conduite, plus nous regardons son caractère comme accusé. Nous voyons intervenir ici la *mémoire* — ce mot étant pris dans le sens général qui nous est devenu familier — puisqu'il s'agit de réactions se reproduisant lorsque les circonstances redeviennent identiques ou semblables à ce qu'elles étaient quand ces réactions ont eu lieu pour la première fois.

98. — Grâce à la connaissance de ces faits, il ne sera pas par trop difficile de se faire une idée des bases physiques, c'est-à-dire énergétiques, de la conscience. Toutes les sensations, nous l'avons dit, provoquent des processus dans les nerfs ; nous avons appelé énergie nerveuse l'énergie

ainsi mise en jeu, sans prétendre indiquer par ce nom sa nature. On sait qu'une grande partie des nerfs aboutissent au cerveau, et que chaque appareil sensoriel y a son centre, de l'activité régulière duquel dépend son fonctionnement. Entre ces différents centres il existe des voies de communication d'espèces très diverses. La physiologie a prouvé d'une façon indiscutable que, pendant l'activité psychique, il s'effectue, dans l'appareil ainsi constitué, des processus donnant lieu à une *consommation d'énergie*. Là encore, nous ne savons pas de quelle espèce est l'énergie mise en jeu ; mais, comme elle est mise en jeu dans un appareil nerveux, nous pouvons l'appeler énergie nerveuse. Nous pouvons aussi l'appeler *énergie psychique*, en nous réservant, si nous constatons des manifestations différentes de cette énergie, de la subdiviser. Si nous ne savons pas de quelle espèce est l'énergie mise en jeu ici, nous savons que la source de cette énergie est de nature chimique, car à toute consommation d'énergie psychique correspond une consommation d'oxygène, et, par suite, l'oxydation d'une partie des substances provenant des aliments.

Si l'on admet que ce qui se passe dans les nerfs est de nature mécanique, électrique ou chimique, on ne peut expliquer les rapports entre les opérations psychiques et les opérations physiologiques qu'au moyen de l'harmonie préétablie, ou, ce qui revient au même, au moyen du parallélisme psychophysique. On est alors réduit à supposer qu'à certaines opérations chimiques, électriques ou mécaniques s'effectuant dans le cerveau sont liées, de quelque façon absolument incompréhensible, des pensées, de sorte que, chaque fois que les unes se produisent, les autres se produisent également. Les deux groupes de phénomènes resteraient, d'ailleurs, complètement séparés, puisqu'il n'est pas de cause connue en vertu de laquelle ils communiqueraient. Nous avons déjà fait remarquer combien est peu satisfaisante cette théorie, qui n'a été adoptée que comme un pis aller.

L'interprétation des rapports entre les opérations psychiques et les opérations physiologiques change du tout au tout aussitôt qu'on l'appuie sur la notion d'énergie nerveuse. Dès lors, en effet, rien n'empêche de concevoir *immédiatement* les phénomènes psychiques comme des phénomènes de l'énergie nerveuse. Car, puisque le seul caractère que doive nécessairement posséder une énergie est d'être une grandeur mesurable obéissant à la loi de la conservation et à celle de la transformation, et qu'elle peut, d'ailleurs, avoir les formes les plus diverses, aucun principe ne s'oppose à ce qu'on admette l'existence d'une espèce d'énergie ayant le caractère de diversité que nous avons attribué à l'énergie nerveuse. C'est un fait généralement reconnu qu'aucune opération psychologique n'a lieu sans une consommation correspondante d'énergie. La seule question que nous ayons à nous poser est donc celle-ci : devons-nous regarder, comme on l'a fait jusqu'à présent, les phénomènes psychologiques comme des phénomènes accompagnant les variations d'énergie et situés en dehors de la loi causale, ou pouvons-nous les identifier avec ces variations d'énergie ?

99. — Depuis un certain nombre d'années, j'ai insisté à mainte reprise sur l'idée que tout milite en faveur de cette identification et que rien ne s'y oppose. Cette idée a été discutée par beaucoup de personnes, dont la plupart lui ont refusé leur adhésion. Mais il ne m'a pas été possible de trouver un seul argument décisif dans tous ceux au moyen desquels on l'a attaquée. La plupart du temps, mes contradicteurs étaient séparés de moi par des malentendus plus ou moins grossiers, de ces malentendus par suite desquels, comme s'en plaint Kant quelque part, on traite comme accordé ce qui est en discussion et l'on prouve ce que personne ne conteste. Une de leurs erreurs les plus fréquentes consistait à dire que l'existence d'une énergie psychique serait incompatible avec la loi de la conservation de l'énergie ; c'est là, bien entendu, une affirmation dépourvue de tout fondement.

Une autre objection qu'on m'a faite, c'est que les considérations que j'avais développées ne modifiaient en rien le problème, attendu qu'il revenait au même, au point de vue de sa solution, de considérer la pensée comme un phénomène accompagnant les vibrations mécaniques du cerveau ou comme un phénomène accompagnant d'autres manifestations de l'énergie. Cette objection a du moins l'avantage d'appeler l'attention sur ce point essentiel que les opérations psychiques ne doivent pas être regardées comme étant des phénomènes accompagnant les variations de l'énergie psychique, mais comme étant *cette énergie elle-même*. De même que l'énergie cinétique est caractérisée par des mouvements, de même l'énergie psychique est caractérisée par les opérations psychiques. Et, de même que la diversité de forme des corps est due aux propriétés des énergies d'espace, de même la diversité des phénomènes du monde psychique est due aux propriétés de l'énergie psychique.

Considérons une forme particulière de l'énergie psychique, la conscience. C'est la forme de l'énergie psychique qui est la plus difficile à analyser, parce que c'est la plus complexe. La conscience doit être regardée comme un mouvement extrèmement compliqué de l'énergie nerveuse, mouvement s'effectuant et provoquant des réactions dans les faisceaux internes du cerveau, où « une excitation ébranle mille conducteurs », et où toutes ces réactions se déterminent en un complexus général constituant le contenu actuel de la conscience, tout comme les énergies d'espace s'unissent à l'énergie chimique pour former le complexus qui constitue le corps. Ici également la mémoire joue un rôle extrêmement important. La définition de la mémoire en termes énergétiques doit être cherchée dans le fait qu'une transformation déterminée d'énergie qui s'est effectuée dans l'écorce du cerveau au moment d'une expérience réelle peut toujours être reproduite, en vertu de cette propriété caractéristique de toutes les opérations organiques de pouvoir être répétées plus facilement que réalisées une première fois. L'énergétique nous préserve de cette conception puérile de la « conservation des images mnésiques » dans les cellules du cerveau, en mettant à la place des *images* les opérations correspondantes, c'est-à-dire à la place de la représentation d'une diversité spatiale, à laquelle on ne peut assigner de substrat, une succession de réactions dans le temps, seule conception s'accordant avec le caractère purement temporaire des opérations psychiques.

Je me bornerai ici à ces quelques indications sur l'aide qu'apporte l'énergétique à la solution de ces problèmes importants et ardus, dont elle enseigne à dégager les éléments essentiels. D'ailleurs, j'ai atteint mon but, qui était de montrer au lecteur qu'il n'est pas besoin de faire violence aux phénomènes psychologiques pour qu'ils cadrent avec la conception énergétique, qu'au contraire ils s'y ajustent tout naturellement, et que, grâce à cette conception, on voit disparaître des pseudo-problèmes qui préoccupaient les penseurs depuis deux mille ans. Afin de mettre encore une fois en lumière ce point capital, rappelons la conclusion des considérations que nous avons développées plus haut : *pour le mécanisme, il y a entre les phénomènes physiques, qu'il considère comme des phénomènes mécaniques, et les phénomènes psychiques un abîme infranchissable ; pour l'énergétique, il y a, au contraire, une liaison constante entre les manifestations les plus simples de l'énergie, c'est-à-dire ses manifestations mécaniques, et ses manifestations les plus complexes, c'est-à-dire ses manifestations psychiques.*

CHAPITRE XII

ÉNERGÉTIQUE SOCIOLOGIQUE

100. — Le mot d'organisme convient aux associations que forment les hommes tout aussi bien qu'aux êtres vivants considérés individuellement auxquels on a coutume de l'appliquer. Ou bien, pour que le mot n'empêche pas de bien saisir la chose : de même que, dans les êtres vivants, il y a des parties différant entre elles qui se déterminent mutuellement des manières les plus diverses au point de vue de leur formation, de leur conservation et de leurs fonctions, de même, dans les associations composées d'êtres vivants, ceux-ci se déterminent mutuellement au point de vue de leur formation, de leur conservation et de leurs fonctions. Pour bien comprendre ce que nous voulons dire, que l'on songe à une ruche. Quoique chaque abeille semble être organisée de façon à pouvoir vivre par elle-même, et qu'elle puisse certainement le faire pendant un certain nombre de jours, son existence n'en est pas moins liée à celle de la ruche. Sans la reine, qui pond les œufs, elle ne serait pas née ; sans les soins des ouvrières, elle

ne se serait pas développée, et, si elle ne succombe pas dans la lutte pour la vie, c'est parce que, faisant sa part de travail dans la demeure commune, elle prend sa part des avantages communs, c'est-à-dire qu'elle est protégée contre le froid et la disette de l'hiver. Ainsi la ruche, avec son organisation, est indispensable à la conservation de la tribu des abeilles ; si la ruche peut très bien subsister lorsqu'une partie, même considérable, de ses habitants la quitte, lorsque, par exemple, une nouvelle famille essaime, l'*individu* qui la quitte ne peut pas plus subsister que ne le peut une patte qu'on a détachée du corps d'une araignée ; or, après cette opération, cette patte, on le sait, ne donne plus que pendant peu de temps, par ses soubresauts, des signes de vie.

En réalité, nous avons affaire ici à des organismes tout semblables aux organismes singuliers. La zoologie nous apprend à connaître tous les degrés entre des organismes dont les liens sont extrêmement étroits et d'autres dont les liens sont très lâches ; souvent de pareils degrés se montrent dans la même espèce, et correspondent simplement à divers stades de dévelopement. Ainsi nous remarquons que beaucoup d'animaux font partie, dans leur jeunesse, d'un organisme général, tandis que plus tard ils se dispersent pour vivre comme organismes indépendants.

Pour répondre à la question de savoir quelles conditions doit remplir un groupe d'êtres vivants qui apparaissent chacun comme un individu dis-

tinct pour pouvoir être regardé comme un organisme, nous pouvons faire immédiatement usage
du critérium qui vient d'être indiqué. Quand
l'individu pourra continuer à vivre après avoir
quitté le groupe, sans que son état éprouve de
changement essentiel, nous ne considérerons pas
le groupe comme un organisme. Quand, au
contraire, l'individu ne le pourra pas, le groupe
constituera pour nous un organisme.

Il ne faut pas dire que l'importance de cette
distinction se trouve diminuée par le fait qu'il y
a des formes de transition pour lesquelles il est,
soit tout à fait impossible de la faire, soit impossible de la faire avec certitude. Il n'y a pas de
phénomènes naturels, en effet, pour lesquels il
n'en soit pas de même ; entre les formes typiques
il existe toujours des formes auxquelles manquent plus ou moins les caractères de ces formes
typiques. Mais la découverte de formes intermédiaires ne fait pas disparaître les différences
constatées entre les formes typiques. Le mode
de division que l'on aura choisi sera légitime si
le nombre des formes intermédiaires est faible
par rapport à celui des formes typiques. Il peut
arriver que, par suite de nouvelles découvertes,
on arrive à connaître beaucoup plus de formes
intermédiaires que de formes typiques. Alors il
est indiqué de reprendre la question et de rechercher s'il n'est pas possible de découvrir des
caractères plus typiques. Dans le cas présent,
on connaît beaucoup moins de formes intermédiaires que de formes typiques ; aussi peut-on
se considérer comme en droit de déterminer de

la façon qui a été exposée plus haut si un groupe est ou n'est pas un organisme.

Chez l'homme, les choses ne se présentent pas d'une façon simple. D'une part, pour les représentants les moins civilisés de l'humanité, il ne peut guère être question d'association, en dehors de l'association nécessaire à leur reproduction. D'autre part, un homme façonné par la civilisation moderne ne pourrait exister dans un désert où il serait réduit à ses seules ressources. On peut dire que *l'homme est un être d'autant plus sociable qu'il est plus civilisé.* La diversité des groupements humains augmente à mesure que la civilisation se développe. Un homme civilisé appartient à un certain nombre de groupes, qui, différant par leur caractère et leur but, ne sont pas concentriques, mais s'enchevêtrent de mille manières. Ainsi, tout en habitant un pays, il peut appartenir à un autre ; tout en étant membre d'une association nationale, il peut faire partie d'une association internationale, où sera engagée, suivant les circonstances, une partie plus ou moins grande de sa personnalité.

Si les choses ne se présentent pas d'une façon aussi simple chez les hommes que chez les animaux, c'est parce que l'humanité n'a pas seulement, en tant qu'espèce, la faculté de se conserver, comme toutes les autres sortes d'organismes, mais est encore douée de la faculté de se perfectionner. Comme nous l'avons vu, les animaux appartenant à certaines espèces vivent toujours et nécessairement en société, et ce phénomène caractérise nettement ces espèces. Le même phénomène se manifeste dans l'espèce humaine, mais non pas d'une façon générale et nécessaire. S'il y a, parmi les hommes, des associations dont l'organisation ressemble en bien des points à celle d'une ruche et dont les membres n'ont pas une existence plus indépendante que celle des abeilles, il est, d'autre part, des formes de vie où apparaît un individualisme prononcé. Le phénomène en question, qui, lorsqu'il se rencontre dans une espèce animale, y est toujours également marqué, a donc les degrés les plus nombreux dans l'espèce humaine.

101. — Si nous nous rappelons qu'en étudiant les organismes individuels, nous avons reconnu qu'ils sont constamment parcourus par un courant d'énergie, et que nous avons vu là leur caractère essentiel, nous serons amenés naturellement à étudier les organismes collectifs au point de vue énergétique. Dans cette étude, nous laisserons de côté les manifestations de l'énergie chez les organismes individuels composant les organismes collectifs, attendu qu'elles ne sauraient différer essentiellement de celles que nous avons reconnues chez les organismes collectifs.

La formation d'associations simples, d'associations telles que celles qui se rencontrent en si grand nombre chez les animaux, produit deux effets opposés. D'une part, la présence simultanée en un même endroit de beaucoup d'organismes ayant le même besoin d'énergie, et, en particulier, d'aliments, tend à rendre plus difficile pour chacun d'eux la satisfaction de ce besoin, à cause du nombre même des individus entre lesquels une quantité limitée d'aliments doit se répartir. Aussi ne se forme-t-il de groupes que là où, par suite de l'abondance des aliments, cet inconvénient n'est pas sensible. D'autre part, l'union d'organismes semblables tend à faciliter plus ou moins l'acquisition des aliments, et ce second effet du groupement peut être assez marqué pour l'emporter sur le premier, comme on le voit dans le cas des loups, qui chassent en troupes. Des considérations semblables s'appliquent aux autres besoins des êtres vivants, tels, par exemple, que le besoin de protection contre les dangers ou le besoin des enfants d'être soignés. Ajoutons ici une remarque : le fait que le nombre des organismes qui naissent dans un endroit déterminé est plus grand que celui des organismes qui leur donnent naissance est par lui-même une cause d'association, de sorte que, les autres circonstances restant les mêmes, il y a de plus en plus de chances pour qu'il y apparaisse des groupes.

102. — Les manifestations de l'énergétique sociale sont beaucoup plus diverses chez l'homme que chez l'animal. C'est que, pour atteindre ses buts, l'homme ne dispose pas simplement, comme l'animal, de l'énergie de son propre corps ; il sait contraindre d'innombrables énergies, distinctes de la sienne, à le servir. En cela, l'association l'aide puissamment, car les quan-

tités d'énergie étrangère dont elle lui permet de se rendre maître sont incomparablement plus grandes que celles dont il peut se rendre maître comme individu. De même, l'énergétique sociale est incomparablement plus variée et plus compréhensive que l'énergétique individuelle.

L'homme ne peut faire servir immédiatement à ses buts qu'un nombre minime des énergies brutes, c'est-à-dire des énergies à l'état où la nature les offre. Alors que l'animal est obligé d'utiliser les énergies telles que la nature les lui fournit, alors qu'il ne peut faire subir aucune préparation à ses aliments, ni mettre ses muscles en action autrement qu'au moyen des transformateurs que lui offrent ses propres membres, l'homme impose aux énergies brutes les transformations les plus variées, et c'est au progrès qu'il fait à cet égard que se mesurent les progrès de la civilisation.

Considérons d'abord la provision d'énergie que l'homme, comme l'animal, possède sous forme de travail musculaire potentiel, c'est-à-dire d'énergie chimique contenue dans les aliments assimilés. La différence caractéristique entre l'homme et l'animal consiste, comme on le sait depuis longtemps, en ce que l'homme, au contraire de l'animal, possède des instruments. Or tout instrument n'est qu'un appareil *permettant de transformer de l'énergie d'une façon déterminée et appropriée au but poursuivi.* Prenons l'instrument le plus simple de tous, si simple que les singes eux-mêmes en font quelquefois usage, un bâton. Cet instrument sert à augmenter de sa longueur le rayon d'action de l'énergie musculaire du bras. Grâce à l'énergie de forme qu'il possède, le bâton (supposé suffisamment rigide) transforme, quand on l'emploie pour frapper, l'énergie musculaire en énergie de mouvement, et la transporte à l'endroit frappé ; quand on l'emploie comme levier, c'est en travail mécanique qu'il transforme l'énergie musculaire.

La pierre qu'on lance est aussi un instrument, car elle transporte à l'endroit désiré l'énergie musculaire sous forme d'énergie de mouvement ; une nouvelle transformation a lieu dans le corps frappé. La pierre possède sur le bâton l'avantage de pouvoir accroître plus que lui le rayon d'action de l'énergie musculaire, mais elle a sur lui le désavantage qu'une fois qu'on lui a communiqué une certaine quantité d'énergie, on ne peut pas continuer à agir sur elle, de façon à augmenter cette quantité.

Les instruments tranchants constituent une autre espèce de transformateurs. La surface de pression s'y réduisant presque à une ligne, et l'énergie musculaire se concentrant sur cette surface, l'intensité de la pression s'y trouve fortement augmentée. Aussi les instruments tranchants peuvent-ils pénétrer dans des objets qui résistent à la pression du doigt ou même à la pression plus concentrée de l'ongle. L'épée unit les avantages du bâton à ceux des instruments tranchants. Ajoutons que sa pointe permet une concentration particulièrement forte de la pression, puisque la surface de cette pointe se réduit presque à un point. La lance et la flèche réalisent le principe de la pointe en même temps que ceux du bâton et de la pierre.

Comme on le voit, le point de vue énergétique permet d'apporter de l'ordre dans les questions relatives aux éléments du développement de la civilisation humaine et de rendre l'étude de ces questions plus méthodique et plus simple qu'on n'était arrivé à le faire jusqu'à présent. Il va nous aider à poursuivre les recherches que nous avons entreprises dans cette direction.

103. — Un second stade fut atteint dans la conquête de l'énergie lorsque les hommes eurent commencé à s'approprier du travail étranger pour parvenir à leurs buts personnels. Il est probable que, tout d'abord, ce travail leur fut fourni exclusivement par d'autres hommes, puisque c'étaient là les aides qu'ils pouvaient se procurer le plus facilement. Il n'est pas nécessaire de rechercher ici les diverses formes que pouvait revêtir l'emploi d'aides humains ; il suffira de faire remarquer qu'en dehors des membres de la famille — femmes et enfants — groupés autour de l'homme, leur protecteur, et lui prêtant une aide volontaire, il y avait des travailleurs enrôlés de force, c'est-à-dire des esclaves, qui jouaient, comme le font encore les esclaves à notre époque, un rôle essentiel. Le fait qu'il importe de relever, c'est qu'en se rendant maître d'énergies de cette espèce, un homme devenait beaucoup plus puissant que ses collaborateurs.

La collaboration animale n'est probablement apparue qu'après la collaboration humaine. On se servait souvent des animaux pour obtenir de l'énergie sous forme de nourriture aussi bien que sous forme de travail. Il faut observer que celui qui remplaçait, pour les travaux qu'il faisait faire, les hommes par des animaux ne voyait pas sa puissance s'accroître proportionnellement à l'excès de l'énergie possédée par les animaux sur l'énergie possédée par les hommes. Si la quantité de travail que peut fournir un homme est plusieurs fois plus petite que celle que peut fournir un cheval ou un bœuf, le travail que celui-là est capable de produire l'emporte tellement par la qualité sur celui que peuvent produire ceux-ci, que partout on a dû préférer un esclave à un cheval ou à un bœuf. La qualité, dont nous n'avions pas encore parlé, est un facteur essentiel de la valeur. Nous nous occuperons plusieurs fois encore de ce facteur dans les pages qui vont suivre.

104. — En se rendant maître des énergies *inorganiques*, l'homme atteignit un troisième stade dans la conquête de l'énergie. Les légendes des différents peuples représentent la conquête du feu comme un progrès d'une importance capitale dans le développement de la civilisation. On voit immédiatement que le feu représente la première forme sous laquelle de l'énergie inorganique a été soumise au pouvoir de l'homme.

Ce progrès est important à deux points de vue.

Il l'est d'abord parce que les énergies inorganiques mettent au service de l'homme des *quantités d'énergie* incomparablement plus grandes que les énergies organiques, et lui permettent, en conséquence, d'exécuter des travaux qu'il ne pourrait accomplir s'il était réduit à l'aide de ses semblables et des animaux. Il l'est aussi parce que, en vertu de l'extrême *diversité* des propriétés que possèdent les différentes espèces d'énergies inorganiques, ces énergies se prêtent à des emplois beaucoup plus divers que les énergies organiques. Il suffit de considérer un instant les opérations de l'électrotechnique moderne, par exemple, pour se rendre compte qu'elles ne pourraient pas être effectuées au moyen d'organismes.

L'humanité est aujourd'hui encore à ce troisième stade ; plus que jamais on utilise de nos jours les énergies inorganiques. Si l'Angleterre a passé, il y a un demi-siècle, de l'état agricole à l'état industriel, si ce passage s'opère en ce moment en Allemagne, c'est en vertu d'un déplacement, dans ces deux pays, du centre de gravité énergétique de l'activité nationale : on y accumule et on y utilise des énergies inorganiques au lieu d'énergies organiques. Les conséquences de ce passage sont loin d'être toutes de même nature ; dans l'état présent de la civilisation, en effet, les hommes ne peuvent pas satisfaire toutes leurs nécessités — loin de là — au moyen de substances inorganiques ; les substances qui servent à leur habillement et à leur alimentation sont exclusivement organiques, et celles qui servent à leur habitation le sont pour une grande part. Ainsi les énergies organiques sont encore absolument indispensables. Leur acquisition constitue une des plus importantes préoccupations de tous les peuples.

On voit que les différentes organisations que présente la civilisation ont toutes en vue l'acquisition et l'utilisation des énergies. Et ce n'est pas seulement vrai de ces organisations considérées dans leurs grandes lignes ; c'est vrai aussi de tous leurs détails.

105. — Il ne faudrait pas croire que, pour l'énergie, la valeur soit proportionnelle à la quantité. En effet, la plupart des énergies ne sont pas utilisées telles quelles, mais seulement après avoir été transformées en d'autres énergies. Prenons le charbon, par exemple ; il n'est pas utilisable directement ; pour l'utiliser, l'industrie, dont il est l'aliment par excellence, transforme l'énergie brute qu'il représente en toute espèce d'autres énergies.

Or, dans toutes les transformations d'une espèce d'énergie en une autre, il se produit une perte d'énergie libre, attendu qu'une partie seulement de l'énergie primitive prend la forme désirée et qu'une autre partie se transforme en chaleur et devient par là inutile. Plus sera grande la proportion d'une énergie donnée qu'il sera possible de transformer en la forme désirée, plus cette énergie aura de valeur. La connaissance des coefficients économiques des diverses énergies permet donc d'établir une échelle des valeurs de ces énergies. La chaleur, par exemple, se trouve à un degré assez bas de cette échelle. Les recherches de Carnot, complétées par celles de Clausius, ont établi que, étant donné une certaine quantité de chaleur, il n'y en a jamais qu'une fraction qui puisse être transformée en une autre énergie, et que cette fraction est exprimée par le rapport de la différence de température dont on dispose à la température absolue à laquelle la chaleur est reçue par la la machine. Mais c'est là une limite théorique, qui est loin d'avoir été atteinte par les machines construites jusqu'à présent. Les meilleures machines modernes, que ce soient des machines à turbines ou à pistons actionnées par la vapeur ou des moteurs à combustion d'une espèce quelconque, ont rarement un rendement supérieur à un tiers de l'énergie thermique employée ; les deux tiers de cette énergie en sortent donc inutilisés, c'est-à-dire non transformés, alors que le rendement théorique du charbon est de plus de trois quarts. Comme, pour faire acquérir d'autres formes à l'énergie du charbon de terre, on ne connaît pas d'autre moyen que de le brûler, c'est-à-dire de le transformer en chaleur, on voit que l'énergie du charbon de terre se trouve également à un degré assez bas de l'échelle des valeurs.

106. — De ces considérations ressort immédiatement l'énorme importance que possède le coeffi-

cient économique relatif à la transformation, ou *coefficient de transformation*. Ce que nous venons de dire des machines thermiques s'applique aussi à toutes les autres machines, c'est-à-dire à tous les autres appareils ou instruments servant à transformer de l'énergie. Il est facile de se rendre compte de la différence qui existe, même dans les cas les plus simples, entre les coefficients de transformation, en taillant du bois successivement avec un couteau mousse et avec un couteau tranchant. La dépense d'énergie que réclame l'exécution du travail en question est théoriquement la même dans les deux cas, mais, en pratique, elle est bien différente, à cause de la différence des coefficients de transformation. Il en est de même de toutes les formes de travail. Un calcul qui demande à un commençant des heures d'un travail acharné est exécuté en quelques instants par un calculateur exercé, et un problème politique dont un homme ordinaire a vainement cherché la solution aux dépens de quantités énormes d'énergie est résolu avec une dépense d'énergie incomparablement moindre par un homme d'état génial.

On a véritablement le droit de dire que *la tâche générale de la civilisation consiste à obtenir, pour les énergies à transformer, des coefficients de transformation aussi avantageux que possible.* Car tout ce qui se produit se ramène, en dernière analyse, à la transformation de quelque énergie libre. L'énergie libre n'augmente pas d'elle-même ; au contraire, elle diminue par l'effet de tout ce qui se produit. Mais, plus le coefficient de transformation est avantageux, plus une quantité donnée d'énergie brute fournit d'énergie de la forme désirée. Dans toutes les professions, on se propose quelque transformation d'énergie, et dans toutes on doit s'attacher à opérer cette transformation de la façon la plus avantageuse possible. C'est la valeur du coefficient de transformation obtenu qui indique si le travail est accompli ou non dans de bonnes conditions. Cela est vrai des travaux de l'ordre le plus élevé comme de ceux de l'ordre le plus humble, et cela s'applique aussi bien aux hommes qu'aux choses. Qu'il s'agisse du prince qui dirige le char de l'état ou de la bicyclette qui facilite les courses que nous imposent nos occupations, la travail sera exécuté dans de bonnes conditions s'il se fait sans gaspillage d'énergie. Partout apparaît comme critérium le coefficient de transformation.

107. — Remarquons que ces considérations ne s'appliquent pas seulement aux questions économiques, cette expression étant prise dans son sens le plus étroit, mais aussi aux questions de morale sociale, c'est-à-dire aux questions relatives aux intérêts des masses. La quantité totale d'énergie libre dont dispose l'humanité n'est pas illimitée. Elle se compose chaque jour, d'une part de la quantité d'énergie qui lui est apportée pendant ce jour par le rayonnement solaire, d'autre part des quantités d'énergie qu'au cours des âges le rayonnement solaire a accumulées

dans la terre sous forme de charbon. Le bien-
être des hommes est en proportion de la part
d'énergie qui revient à chacun d'eux. Il y a encore
beaucoup d'hommes, malheureusement, qui ne
peuvent gagner le minimum nécessaire à l'existence que par un travail pénible, qui les épuise.
La vie à laquelle ils sont contraints est un reproche constant pour quiconque possède ce minimum. Or rien ne serait plus propre à améliorer leur
sort que de rendre plus avantageux le coefficient
de transformation de l'énergie solaire en énergie
chimique. Comme on le sait, le phénomène fondamental en vertu duquel nous avons de l'énergie à notre disposition, c'est l'accumulation dans
les plantes vertes d'énergie provenant du rayonnement solaire ; cette énergie, accumulée sous
forme de combinaisons chimiques, peut être libé-
rée par des combustions. Mais les plantes vertes
ne capitalisent qu'un ou deux pour cent de l'énergie libre qu'elles reçoivent. Si l'on parvenait à
inventer un transformateur leur permettant d'en
accumuler seulement quelques centièmes de
plus, on apporterait au sort de l'humanité labo-
rieuse une amélioration plus importante que tous
les établissements de bienfaisance du monde.

On voit donc que l'énergétique permet d'explorer avec succès tous les domaines de la civilisation, et que non seulement elle fait comprendre
son passé dans ses grandes lignes, mais encore
elle indique nettement où doivent tendre ses
efforts. Nous nous bornerons là, car, rien que
pour indiquer à grands traits les diverses formes
sous lesquelles l'énergétique est applicable à la

vie sociale il faudrait un ouvrage spécial, ouvrage qu'il serait d'ailleurs prématuré d'entreprendre, attendu que presque aucune des études qu'il supposerait n'a encore été faite. L'énergétique, en effet, si puissamment qu'elle ait contribué à façonner le savoir humain, n'est encore guère qu'une science de l'avenir. Mais tout fait prévoir que son heure va sonner.

TABLE DES MATIÈRES

CHAPITRE VI

CHAPITRE VII

CHAPITRE VIII

CHAPITRE IX

CHAPITRE X

CHAPITRE XI

CHAPITRE XII

[Cachet : BIBLIOTHÈQUE NATIONALE R.F. IMPRIMÉS]

ÉVREUX, IMPRIMERIE CH. HÉRISSEY, PAUL HÉRISSEY, SUCC^r

FÉLIX ALCAN, ÉDITEUR

Bibliothèque de Philosophie Contemporaine.

EXTRAIT DU CATALOGUE

PHILOSOPHIE SCIENTIFIQUE

BLOCH (C.), docteur ès lettres. — **La philosophie de Newton**, 1 vol. in-8 . . . . 10 fr. »

BOEX-BOREL (J.-H. Rosny aîné). — **Le Pluralisme.** *Essai sur la discontinuité et l'hétérogénéité des phénomènes.* 1 vol. in-8. 5 fr. »

BOIRAC (Émile), recteur de l'Académie de Dijon. — **L'idée de phénomène.** 1 vol. in-8 . . . . 5 fr. »

BOUTROUX (Em.), de l'Institut. — **De la contingence des lois de la nature.** 6ᵉ édit. 1 vol. in-16 . . . . 2 fr. 50

COUTURAT (L.) — **Les principes des mathématiques.** 1 volume in-8 . . . . 5 fr. »

CRESSON (A.), docteur ès lettres. — **Les bases de la philosophie naturaliste.** 1 vol. in-16 . . . . 2 fr. 50

ENRIQUES (F.), prof. à l'Univ. de Bologne. — **Les problèmes de la science et la logique.** 1 vol. in-8 . . . . 5 fr. »

GRASSET (J.), professeur à l'Université de Montpellier. — **Les limites de la biologie.** 6ᵉ édit. Préface de Paul Bourget, de l'Académie française. 1 vol. in-16 . . . . 2 fr. 50

HANNEQUIN (H.), professeur à l'Université de Lyon. — **Essai critique sur l'hypothèse des atomes dans la science contemporaine.** 2ᵉ édit. 1 vol. in-8 . . . . 7 fr. 50

LE DANTEC (F.), chargé du cours de biologie générale à la Sorbonne. — **L'Unité dans l'être vivant.** *Essai d'une biologie chimique.* 1 volume in-8 . . . . 7 fr. 50

— **Les limites du connaissable.** *La vie et les phénomènes naturels.* 3ᵉ édit. 1 vol. in-8 . . . . 3 fr. 75

LIARD (L.), de l'Institut. — **La science positive et la métaphysique.** 5ᵉ édit. 1 vol. in-8 . . . . 7 fr. 50

LODGE (Sir Olivier). — **La Vie et la Matière**, trad. par J. Maxwell. 1 vol. in-16. 2ᵉ édit. 2 fr. 50

REY (A.), professeur à l'Université de Dijon. — **L'énergétique et le mécanisme** *au point de vue des conditions de la connaissance.* 1 vol. in-16 . . . . 2 fr. 50

— **La Théorie de la physique chez les physiciens contemporains.** 1 vol. in-8 . . . . 2 fr. 50

Envoi du catalogue complet sur demande.

FÉLIX ALCAN, ÉDITEUR

Bibliothèque Scientifique Internationale.

111 VOLUMES in-8, cartonnés à **6, 9** et **12** fr.

EXTRAIT DU CATALOGUE

La dynamique des phénomènes de la vie, par J. LŒB, professeur à l'Université de Berkeley (Californie), préface de A. GIARD, de l'Institut, 1 vol. in-8. . . . . 9 fr.

La Conservation de l'énergie, par BALFOUR STEWART, prof. de physique au collège Owen de Manchester (Angleterre). 1 vol. in-8, avec fig. 6e édit. . . . . 6 fr.

La Matière et la Physique moderne, par STALLO, précédé d'une préface par Ch. FRIEDEL, de l'Institut. 1 vol. in-8. 2e édit. . . . 6 fr.

Les Conflits de la science et de la religion, par DRAPER, professeur à l'Université de New-York. 1 vol. in-8. 10e édit. . . . 6 fr.

La Synthèse chimique, par M. BERTHELOT, secrétaire perpétuel de l'Académie des sciences. 1 vol. in-8. 8e édit. . . . . 6 fr.

La Théorie atomique, par Ad. WURTZ, membre de l'Institut, précédée d'une introduction sur *la Vie et les Travaux* de l'auteur, par M. Ch. FRIEDEL, de l'Institut. 1 vol. in-8. 9e édit. . . . . . . 6 fr.

L'Évolution inorganique étudiée par l'analyse spectrale, par NORMAN-LOCKYER, 1 vol. in-8, avec figures . . . . 6 fr.

Physiologie des exercices du corps, par le docteur F. LAGRANGE. 1 vol. in-8. 7e édit. (Ouvrage couronné par l'Institut) . . . . 6 fr.

La Chaleur animale, par Ch. RICHET, professeur de physiologie à la Faculté de médecine de Paris. 1 vol. in-8, avec figures . . . . . 6 fr.

Théorie nouvelle de la vie, par F. LE DANTEC, chargé du cours de biologie générale à la Sorbonne, 3e édition. 1 volume in-8, avec figures . . . . 6 fr.

Les lois naturelles, *réflexions d'un biologiste sur les sciences*, par LE MÊME. 1 vol. in-8, avec figures . . . . 6 fr.

Envoi du catalogue complet sur demande.

MANTEGAZZA. **La physionomie et l'expression des senti-**
    ments, 3º édit., illustré, avec 8 pl. hors texte.

MASSART, voir DEMOOR.

MAUDSLEY. **Le crime et la folie**, 7e édition.

MEUNIER (STANISLAS). **La géologie comparée**, illustré.

— **Géologie expérimentale**, 2e éd., illustré.

— **La géologie générale**, 2e édit., illustré.

MEYER (de). **Les organes de la parole**, illustré.

MORTILLET (G. de). **Formation de la nation française**,
    2e édition, illustré.

MOSSO. **Les exercices physiques et le développement intel-**
    lectuel.

NIEWENGLOWSKI. **La photographie et la photochimie**, illust.

NORMAN LOCKYER. **L'évolution inorganique**, illustré.

PERRIER (ED.), de l'Institut. **La philosophie zoologique avant**
    Darwin, 3e édition.

PETTIGREW. **La locomotion chez les animaux**, 2º éd., ill.

QUATREFAGES (A. DE). **L'espèce humaine**, 13º édition.

— **Darwin et ses précurseurs français**, 2e édition.

— **Les émules de Darwin**, 2 vol.

RICHET (Ch.). **La chaleur animale**, illustré.

ROBERTY (de). **La sociologie**, 3e édition.

ROMANES. **L'intelligence des animaux**, 3e éd., 2 vol.

ROCHÉ. **La culture des mers en Europe**, illustré.

ROOD (O.-N.). **Théorie scientifique des couleurs et leurs**
    applications à l'art et à l'industrie, 2e édition, illustré.

SCHMIDT. **Descendance et darwinisme**, 6e édition.

— **Les mammifères dans leurs rapports avec leurs ancêtres**
    géologiques, illustré.

SCHUTZENBERGER, de l'Institut. **Les fermentations**, 6e édit.
    illustré.

SECCHI (Le Père). **Les étoiles**, 3e édit., 2 vol. illustrés.

STALLO. **La matière et la physique moderne**, 3e édition.

STARCKE. **La famille primitive.**

STEWART (BALFOUR). **La conservation de l'énergie**, 6e éd.

SULLY (JAMES). **Les illusions des sens et de l'esprit**, 3e éd., ill.

THURSTON. **Histoire de la machine à vapeur**, 3e éd., 2 vol.

TROUESSART. **Microbes, ferments et moisissures**, 2e éd.,
    illustré.

TOPINARD. **L'homme dans la nature**, illustré.

TYNDALL (J.). **Les glaciers et les transform. de l'eau**, 7e éd., ill.

VANDERVELDE, voir DEMOOR.

WHITNEY. **La vie du langage**, 4º édition.

WURTZ, de l'Institut. **La théorie atomique**, 8º édition.

4   FÉLIX ALCAN, ÉDITEUR

NOUVELLE COLLECTION SCIENTIFIQUE

VOLUMES IN-16 A 3 FR. 50 L'UN

Éléments de philosophie biologique, par F. LE DANTEC, chargé du cours de biologie générale à la Sorbonne. 1 vol. in-16. 2ᵉ éd . . . . 3 fr. 50

La voix. *Sa culture physiologique. Théorie nouvelle de la phonation,* par le Dʳ P. BONNIER, laryngologiste de la clinique médicale de l'Hôtel-Dieu, 2ᵉ éd. in-16.   3 fr. 50

De la méthode dans les sciences :

1. *Avant-propos,* par M. P.-F. THOMAS, docteur ès lettres, professeur de philosophie au lycée Hoche. — 2. *De la science,* par M. EMILE PICARD, de l'Institut. — 3. *Mathématiques pures,* par M. J. TANNERY, de l'Institut. — 4. *Mathématiques appliquées,* par M. PAINLEVÉ, de l'Institut. — 5. *Physique générale,* par M. BOUASSE, professeur à la Faculté des Sciences de Toulouse. — 6. *Chimie,* par M. JOB, professeur au Conservatoire des arts et métiers. — 7. *Morphologie générale,* par M. GIARD, de l'Institut. — 8. *Physiologie,* par M. LE DANTEC, chargé de cours à la Sorbonne. — 9. *Sciences médicales,* par M. PIERRE DELBET, professeur à la Faculté de médecine de Paris. — 10. *Psychologie,* par M. TH. RIBOT, de l'Institut. — 11. *Sciences sociales,* par M. DURKHEIM, professeur à la Sorbonne. — 12. *Morale,* par M. LÉVY-BRUHL, professeur à la Sorbonne. — 13. *Histoire,* par M. G. MONOD, de l'Institut. 1 vol. in-16 . . . . 3 fr. 50

L'éducation dans la famille. *Les péchés des parents,* par P.-F. THOMAS, professeur. 1 vol. in-16. 2ᵉ édit. . . 3 fr. 50

La crise du transformisme, par F. LE DANTEC. in-16. 3 fr. 50

COLLECTION MÉDICALE

ÉLÉGANTS VOLUMES IN-12, CARTONNÉS A L'ANGLAISE, A 4 ET A 3 FRANCS

Derniers volumes publiés :

La mimique chez les aliénés par le Dʳ G. DROMARD. 4 fr.
L'amnésie, par les Dʳˢ DROMARD et LEVASSORT. 4 fr.
La mélancolie, par le Dʳ R. MASSELON. 4 fr. (*Couronné par l'Académie de Médecine*).
Essai sur la puberté chez la femme, par le Dʳ MARTHE FRANCILLON. 4 fr.
Hygiène de l'alimentation dans l'état de santé et de maladie, par le Dʳ J. LAUMONIER, avec gravures. 3ᵉ éd. 4 fr.
Les nouveaux traitements, par *le même.* 2ᵉ édit. 4 fr.
Les embolies bronchiques tuberculeuses, par le Dʳ CH. SABOURIN; avec gravures. 4 fr.
Manuel d'électrothérapie et d'électrodiagnostic, par le Dʳ E. ALBERT-WEIL, avec 88 gravures. 2ᵉ éd. 4 fr.

La mort réelle et la mort apparente, diagnostic et traitement de la mort apparente, par le Dʳ ICARD, avec gravures. 4 fr.
L'hygiène sexuelle et ses conséquences morales, par le Dʳ S. RIBBING, prof. à l'Univ. de Lund (Suède). 3ᵉ édit. 4 fr.

Hygiène de l'exercice chez les enfants et les jeunes gens, par le Dr F. Lagrange, lauréat de l'Institut. 8e édit. 4 fr.
De l'exercice chez les adultes, par *le même*. 6e édition. 4 fr.
Hygiène des gens nerveux, par le Dr Levillain. 5e éd. 4 fr.
L'éducation rationnelle de la volonté, son emploi thérapeutique, par le Dr Paul-Émile Lévy. Préface de M. le prof. Bernheim. 6e édition. 4 fr.
L'idiotie. *Psychologie et éducation de l'idiot*, par le Dr J. Voisin, médecin de la Salpêtrière, avec gravures. 4 fr.
La famille névropathique, *Hérédité, prédisposition morbide, dégénérescence*, par le D^r Ch. Féré, 2e édition. 4 fr.
L'instinct sexuel. *Évolution, dissolution,* par *le même*. 2e éd. 4 fr.
Le traitement des aliénés dans les familles, par *le même*. 3e édition. . 4 fr.
L'hystérie et son traitement, par le Dr Paul Sollier. 4 fr.
Manuel de psychiatrie, par le Dr J. Rogues de Fursac. 3e éd. 4 fr.
L'éducation physique de la jeunesse, par A. Mosso, professeur à l'Université de Turin. 4 fr.
Manuel de percussion et d'auscultation, par le Dr P. Simon, professeur à la Faculté de médecine de Nancy, avec grav. 4 fr.
Manuel théorique et pratique d'accouchements, par le Dr A. Pozzi, professeur à l'École de médecine de Reims, avec 138 gravures. 4e édition. 4 fr.
Morphinisme et Morphinomanie, par le Dr Paul Rodet. (*Couronné par l'Académie de médecine.*) 4 fr.
La fatigue et l'entraînement physique, par le D^r Ph. Tissié, avec gravures. Préface de M. le prof. Bouchard. 3e édition. 4 fr.
Les maladies de la vessie et de l'urèthre chez la femme, par le Dr Kolischer ; avec gravures. 4 fr.
Grossesse et accouchement, par le Dr G. Morache, professeur de médecine légale à l'Université de Bordeaux. 4 fr.
Naissance et mort, par *le même*. 4 fr.
La responsabilité, par *le même*. 4 fr.
Traité de l'intubation du larynx *chez l'enfant et chez l'adulte*, par le Dr A. Bonain, avec 42 gravures. 4 fr.
Pratique de la chirurgie courante, par le Dr M. Cornet. Préface du Pr Ollier, avec 111 gravures. 4 fr.

Dans la même collection :

COURS DE MÉDECINE OPÉRATOIRE
de M. le Professeur Félix Terrier :

Petit manuel d'antisepsie et d'asepsie chirurgicales, par les Drs Félix Terrier et M. Péraire, avec grav. 3 fr.
Petit manuel d'anesthésie chirurgicale, par *les mêmes*, avec 37 gravures. 3 fr.
L'opération du trépan, par *les mêmes*, avec 222 grav. 4 fr.
Chirurgie de la face, par les Drs Félix Terrier, Guillemain et Malherbe, avec gravures. 4 fr.
Chirurgie du cou, par *les mêmes*, avec gravures. 4 fr.
Chirurgie du cœur et du péricarde, par les Drs Félix Terrier et E. Reymond, avec 79 gravures. 3 fr.
Chirurgie de la plèvre et du poumon, par *les mêmes*, avec 67 gravures. 4 fr.

MÉDECINE
Dernières publications :

BOUCHARDAT (les prof. A. et G.). **Nouveau Formulaire Magistral**, précédé de généralités sur l'art de formuler, de Notions sur l'emploi des contrepoisons, sur les secours à donner aux empoisonnés et aux asphyxiés, suivi d'un précis sur les eaux minérales et artificielles, de notes sur l'Opothérapie, la Sérothérapie, la Vaccination, l'Hygiène thérapeutique, le régime déchloruré, de la liste des mets permis aux glycosuriques et d'un mémorial thérapeutique. 34ᵉ édition, collationnée avec le nouveau Codex de 1908, revue et augmentée de formules nouvelles. 1 vol in-16 cartonné. . . . . 4 fr.

BOUCHUT et DESPRÉS. **Dictionnaire de médecine et de thérapeutique médicale et chirurgicale**, comprenant le résumé de la médecine et de la chirurgie, les indications thérapeutiques de chaque maladie, la médecine opératoire, les accouchements, l'oculitisque, l'odontotechnie, les maladies d'oreilles, l'électrisation, la matière médicale, les eaux minérales, et un formulaire spécial pour chaque maladie, mis au courant de la science par les Dʳˢ MARION et F. BOUCHUT. 7ᵉ édition, très augmentée, 1 vol. in-4, avec 1097 fig. dans le texte et 3 cartes. Broché, 25 fr. ; relié. 30 fr.

CAMUS et PAGNIEZ. **Isolement et psychothérapie.** *Traitement de la neurasthénie.* Préface du Pʳ DÉJERINE. 1 vol. gr. in-8. 9 fr.

CORNIL (le prof. V.). **Les tumeurs du sein.** 1 vol. gr. in-8, avec 169 fig. dans le texte. 12 fr.

CORNIL (V.), RANVIER, BRAULT et LETULLE. **Manuel d'histologie pathologique.** 3ᵉ édition entièrement remaniée.

> TOME I, par MM. RANVIER, CORNIL, BRAULT, F. BEZANÇON et M. CAZIN. — *Histologie normale.* — *Cellules et tissus normaux.* — *Généralités sur l'histologie pathologique.* — *Altération des cellules et des tissus.* — *Inflammations.* — *Tumeurs.* — *Notions sur les bactéries.* — *Maladies des systèmes et des tissus.* — *Altérations du tissu conjonctif.* 1 vol. in-8, avec 387 gravures en noir et en couleurs. 25 fr.

> TOME II, par MM. DURANTE, JOLLY, DOMINICI, GOMBAULT et PHILLIPE. — *Muscles.* — *Sang et hématopoïèse.* — *Généralités sur le système nerveux.* 1 vol. in-8, avec 278 grav. en noir et en couleurs. 25 fr.

> TOME III, par MM. GOMBAULT, NAGEOTTE, A. RICHE, R. MARIE, DURANTE, LEGRY, F. BEZANÇON. — *Cerveau.* — *Moelle.* — *Nerfs.* — *Cœur.* — *Larynx.* — *Ganglion lymphatique.* — *Rate.* 1 vol. in-8, avec 382 grav. en noir et en couleurs. 35 fr.

> TOME IV ET DERNIER, par MM. MILIAN, DIEULAFÉ, HERPIN, DECLOUX, CRITZMANN, COURCOUX, BRAULT, LEGRY, HALLÉ, KLIPPEL et LEFAS. — *Poumon.* — *Bouche.* — *Tube digestif.* — *Estomac.* — *Intestin.* — *Foie.* — *Rein.* — *Vessie et urèthre.* — *Rate.* (*Sous presse. Paraîtra fin 1909*).

CYON (E. DE). **Les nerfs du cœur.** 1 vol. gr. in-8 avec fig. 6 fr.

DESCHAMPS (A.). **Les maladies de l'énergie.** Les asthénies générales. *Épuisements, insuffisances, inhibitions.* (Clinique et Thérapeutique). Préface de M. le professeur RAYMOND. 1 vol. in-8. 2ᵉ édit. 8 fr. (*Couronné par l'Académie de médecine*).

DURET (le prof. H.). **Les tumeurs de l'encéphale.** (*Manifestations et Chirurgie*). 1 vol. grand in-8 avec 297 figures dans le texte. 20 fr.

ESTOR. (le prof.) **Guide pratique de chirurgie infantile.** 1 vol. in-8, avec 165 gravures. 2ᵉ édition, revue et augmentée. 8 fr.

FINGER (E.). **La syphilis et les maladies vénériennes.** Trad. de l'allemand avec notes par les docteurs SPILLMANN et DOYON. 3ᵉ édit. 1 vol. in-8, avec 8 planches hors texte. 12 fr.

FLEURY (Maurice de), de l'Académie de médecine. **Manuel pour l'étude des maladies du système nerveux.** 1 vol. gr. in-8, avec 132 grav. en noir et en couleurs, cart. à l'angl. 25 fr.

FRENKEL (H. S.). **L'ataxie tabétique.** *Ses origines, son traite-ment.* Préface de M. le Prof. RAYMOND. 1 vol. in-8.   8 fr.

HARTENBERG (P.). **Psychologie des neurasthéniques.** 2° édition. 1 vol. in-16. . . . . 3 fr. 50

HENNEQUIN ET LOEWY. **Les luxations des grandes articula-tions, leur traitement pratique.** 1 vol. gr. in-8, avec 125 grav. dans le texte.   16 fr.

OFFROY (le prof.) et DUPOUY. **Fugues et vagabondage.** 1 vol. in-8 . . . . 7 fr.

LABADIE-LAGRAVE ET LEGUEU. **Traité médico-chirurgical de gynécologie.** 3° édition entièrement remaniée. 1 vol. grand in-8, avec nombreuses fig., cart. à l'angl.   25 fr.

LAGRANGE (F.). **Le traitement des affections du cœur par l'exercice et le mouvement.** 1 vol. in-8, avec fig. et une carte hors texte.   6 fr.

LE DANTEC (F.). **Traité de biologie.** 1 vol. grand in-8, avec fig., 2° éd.   15 fr.

— **Introduction à la pathologie générale.** 1 fort vol. gr. in-8.   15 fr.

LEPINE (le prof. R.). **Le Diabète sucré.** 1 vol. gr. in-8. . .   16 fr.

NIMIER (H.). **Blessures du crâne et de l'encéphale par coup de feu.** 1 vol. in-8, avec 150 fig.   15 fr.

SERIEUX et CAPGRAS. **Les folies raisonnantes.** 1 vol. in-8.   7 fr.

TERRIER (le prof. F.) et AUVRAY (M.). **Chirurgie du foie et des voies biliaires.** — TOME I. *Traumatismes du foie et des voies biliaires.* — *Foie mobile.* — *Tumeurs du foie et des voies biliaires.* 1901. 1 vol. gr. in-8, avec 50 gravures.   10 fr.

    TOME II. *Echinococcose hydatique commune.* — *Kystes alvéolaires.* — *Suppurations hépatiques.* — *Abcès tuberculeux intra-hépatique.* — *Abcès de l'actinomycose.* 1907. 1 vol. gr. in-8, avec 47 gravures. 12 fr.

UNNA. **Thérapeutique des maladies de la peau.** Traduit de l'allemand par les Drs DOYON et SPILLMANN. 1 vol. gr. in-8.   8 fr.

PRÉCÉDEMMENT PARUS :

A. — Pathologie et thérapeutique médicales.

BERGER et LOEWY. **Les troubles oculaires d'origine génitale chez la femme.** 1 vol. in-18.   3 fr. 50

FÉRÉ (Ch.). **Les épilepsies et les épileptiques.** 1 vol. gr. in-8, avec 12 planches hors texte et 67 grav. dans le texte.   20 fr.

— **La pathologie des émotions.** 1 vol. in-8.   12 fr.

FLEURY (Maurice de), de l'Académie de médecine. **Introduction à la médecine de l'esprit.** 8° édit. 1 vol. in-8. 7 fr. 50. (*Couronné par l'Académie française et par l'Académie de médecine.*)

— **Les grands symptômes neurasthéniques.** 3° édition, revue 1 vol. in-8. (*Couronné par l'Académie des sciences.*)   7 fr. 50

GRASSET. **Les maladies de l'orientation et de l'équilibre** 1 vol. in-8, cart. à l'angl.   6 fr.

— **Demifous et démiresponsables.** 2° édition. 1 vol. in-8.   5 fr.

GUÉPIN. **Traitement de l'hypertrophie sénile de la prostate.** 1 vol. in-18.   4 fr. 50

JANET (P.) ET RAYMOND (F.). **Névroses et idées fixes.** TOME I. — *Études expérimentales,* par P. JANET. 2° éd. 1 vol. gr. in-8, avec 68 gr.   12 fr.

    TOME II. *Fragments des leçons cliniques,* par F. RAYMOND et P. JANET. 2° éd. 1 vol. grand in-8, avec 97 gravures.   14 fr.

(*Couronné par l'Académie des Sciences et par l'Académie de médecine.*)

JANET (P.) et RAYMOND (F.). **Les obsessions et la psychas-
thénie.** Tome I. — *Études cliniques et expérimentales*, par P. JANET.
2° édit. 1 vol. gr. in-8, avec grav. dans le texte.   18 fr.
Tome II. — *Fragments des leçons cliniques*, par F. RAYMOND et P. JANET.
1 vol. in-8 raisin, avec 22 gravures dans le texte.   14 fr.
LAGRANGE (F.). **Les mouvements méthodiques et la « mécanothérapie ».** 1 vol. in-8, avec 55 gravures dans le texte.   10 fr.
— **La médication par l'exercice.** 1 vol. gr. in-8, avec 68 grav. et
une planche en couleurs hors texte. 2° éd.   12 fr.
— **Le traitement des affections du cœur par l'exercice et
le mouvement.** 1 vol. in-8 avec figures.   6 fr.
MARVAUD (A.). **Les maladies du soldat.** 1 vol. grand in-8. (*Ouvrage
couronné par l'Académie des sciences.*)   20 fr.
MOSSÉ. **Le diabète et l'alimentation aux pommes de terre.**
1 vol. in-8.   5 fr.
SOLLIER (P.). **Genèse et nature de l'hystérie.** 2 vol. in-8.   20 fr.
VOISIN (J.). **L'épilepsie.** 1 vol. in-8.   6 fr.

B. — Pathologie et thérapeutique chirurgicales.

DE BOVIS. **Le cancer du gros intestin.** 1 volume in-8.   5 fr.
DELORME. **Traité de chirurgie de guerre.** 2 vol. gr. in-8.
Tome I, 16 fr. — Tome II, 26 fr. (*Ouvrage couronné par l'Académie
des sciences.*)
DURET (H.). **Les tumeurs de l'encéphale.** *Manifestations et chirurgie.* 1 fort vol. gr. in-8, avec 300 figures.   20 fr.
LEGUEU. **Leçons de clinique chirurgicale** (Hôtel-Dieu, 1901).
1 vol. grand in-8, avec 71 gravures dans le texte.   12 fr.
LIEBREICH. **Atlas d'ophtalmoscopie,** représentant l'état normal
et les modifications pathologiques du fond de l'œil vues à l'ophtalmo-
scope. 3° éd. Atlas in-f° de 12 pl. en coul et texte explicatif.   40 fr.
NIMIER (H.) et DESPAGNET. **Traité élémentaire d'ophtalmo-
logie.** 1 fort vol. gr. in-8, avec 432 gravures. Cart. à l'angl.   20 fr.
NIMIER (H.) et LAVAL. **Les projectiles de guerre** et leur action
vulnérante. 1 vol. in-12, avec grav.   3 fr.
— **Les explosifs, les poudres, les projectiles d'exercice,** leur
action et leurs effets vulnérants. 1 vol. in-12, avec grav.   3 fr.
— **Les armes blanches,** leur action et leurs effets vulnérants. 1 vol.
in-12, avec grav.   6 fr.
— **De l'infection en chirurgie d'armée,** évolution des blessures
de guerre. 1 vol. in-12, avec grav.   6 fr.
— **Traitement des blessures de guerre.** 1 fort vol. in-12, avec
gravures.   6 fr.
F. TERRIER et M. PÉRAIRE. **Manuel de petite chirurgie.**
8° édition, entièrement refondue. 1 fort vol. in-12, avec 572 fig., cartonné
à l'anglaise.   8 fr.

C. — Thérapeutique. Pharmacie. Hygiène.

BOSSU. **Petit compendium médical.** 6° édit. in-32, cart.   1 fr. 25
BOUCHARDAT. **Nouveau formulaire magistral.** 31° édition.
Collationnée avec le Codex de 1908. 1 vol. in-18, cart.   4 fr.
BOUCHARDAT et DESOUBRY. **Formulaire vétérinaire,** 6° édit.
1 vol. in-18, cartonné.   4 fr.
BOURGEOIS (G.). **Exode rural et tuberculose.** 1 vol. gr. in-8.   5 fr.
LAGRANGE (F.). **La médication par l'exercice.** 1 vol. grand in-8,
avec 68 grav. et une carte en couleurs. 2° éd.   12 fr.
— **Les mouvements méthodiques et la « mécanothérapie ».**
1 vol. in-8, avec 55 gravures.   10 fr.
LAHOR (D' Cazalis) et Lucien GRAUX. **L'alimentation à bon
marché saine et rationnelle.** 1 vol. in-16. 2° édit.   3 fr. 50
(*Couronné par l'Institut*).

D. — Anatomie. Physiologie.

BELZUNG. **Anatomie et physiologie végétales.** 1 fort volume
in-8, avec 1700 gravures.   20 fr.
— **Anatomie et physiologie animales.** 10e édition revue. 1 fort
volume in-8, avec 522 gravures dans le texte, broché, 6 fr. ; cart.   7 fr.
BÉRAUD (B.-J.). **Atlas complet d'anatomie chirurgicale topo-
graphique,** composé de 109 planches représentant plus de 200 figures
gravées sur acier, avec texte explicatif. 1 fort vol. in-4.
Prix : Fig. noires, relié, 60 fr. — Fig. coloriées, relié, 120 fr.
CHASSEVANT. **Précis de chimie physiologique.** 1 vol. gr. in-8,
avec figures.   10 fr.
DEBIERRE. **Traité élémentaire d'anatomie de l'homme.**
Ouvrage complet en 2 volumes.   40 fr.
 TOME I. *Manuel de l'amphithédtre.* 1 vol. gr. in-8 de 950 pages, avec
 450 figures en noir et en couleurs dans le texte.   20 fr.
 TOME II. 1 vol. gr. in-8, avec 515 figures en noir et en couleurs dans
 le texte. (*Couronné par l'Académie des Sciences.*)   20 fr.
— **Atlas d'ostéologie,** comprenant les articulations des os et les
insertions musculaires. 1 vol. in-4, avec 253 grav. en noir et en cou-
leurs, cart. toile dorée.   12 fr.
— **Leçons sur le péritoine.** 1 vol. in-8, avec 58 figures.   4 fr.
— **L'embryologie en quelques leçons.** 1 vol. in-8, avec 144 fig.   4 fr.
— **Le cerveau et la moelle épinière.** 1 vol. in-8 avec fig. et
planches.   15 fr.
DEMENY (G.). **Mécanisme et éducation des mouvements.** 3e éd.
1 vol. in-8, avec grav. cart.   9 fr.
FAU. **Anatomie des formes du corps humain,** à l'usage des
peintres et des sculpteurs. 1 atlas in-folio de 25 planches. Prix : Figu-
res noires, 15 fr. — Figures coloriées.   30 fr.
FÉRÉ. **Travail et plaisir.** *Études de psycho-mécanique.* 1 vol. gr.
in-8, avec 200 fig.   12 fr.
GELLÉ. **L'audition et ses organes.** 1 vol. in-8, avec grav.   6 fr.
GLEY (E.). **Études de psychologie physiologique et patho-
logique.** 1 vol. in-8 avec gravures.   5 fr.
GRASSET (J.). **Les limites de la biologie.** 6e édit. Préface de
Paul BOURGET. 1 vol. in-16.   2 fr. 50
JAVAL (E.). **Physiologie de la lecture et de l'écriture.** 1 vol.
in-8. 2e édit.   6 fr.
LE DANTEC. **L'unité dans l'être vivant.** *Essai d'une biologie chi-
mique.* 1 vol. in-8.   7 fr. 50
— **Les limites du connaissable.** *La vie et les phénomènes naturels.*
2e édit. 1 vol. in-8.   3 fr. 75
PREYER. **Éléments de physiologie générale.** Traduit de l'allemand par M. J. SOURY. 1 vol. in-8.   5 fr.
RICHET (Ch.), professeur à la Faculté de médecine de Paris, membre
de l'Académie de médecine. **Dictionnaire de physiologie,** publié
avec le concours de savants français et étrangers. Formera 12 à 15 volumes grand in-8, se composant chacun de 3 fascicules; chaque volume,
25 fr. ; chaque fascicule, 8 fr. 50. Sept volumes parus.
 TOME I (*A-Bac*). — TOME II (*Bac-Cer*). — TOME III (*Cer-Cob*). —
 TOME IV (*Cob-Dig*). — TOME V (*Dic-Fac*). — TOME VI (*Fiom-Gal*).
 — TOME VII (*Gal-Gra*). — TOME VIII (1er fascicule) (*Gra-Hém*).
 (2e fascicule). (*Hém-Hop*).
SNELLEN. **Echelle typographique pour mesurer l'acuité de
la vision.** 17e édition.   4 fr.
SPENCER (Herbert). **Principes de biologie,** traduit par M. CAZELLES.
4e édit. 2 forts vol. in-8.   20 fr.

BIBLIOTHÈQUE GÉNÉRALE
DES SCIENCES SOCIALES

Secrétaire de la rédaction: DICK MAY, Secrét. gén. de l'Éc. des Hautes Études sociales.

Volumes in-8 carré de 300 pages environ, cart. à l'anglaise.

Chaque volume, 6 fr.

Derniers volumes publiés :

La criminalité dans l'adolescence, par G.-L. DUPRAT. (*Couronné par l'Institut*).

La nation armée, par MM. le général BAZAINE-HAYTER, C. BOUGLÉ, E. BOURGEOIS, Cᵗᵉ BOURGUET, E. BOUTROUX, A. CROISET, G. DEMENY, G. LANSON, L. PINEAU, Cᵗᵉ POTEZ, F. RAUH.

Morales et religions, par MM. G. BELOT, L. DORISON, AD. LODS, A. CROISET, W. MONOD, E. DE FAYE, A. PUECH, le baron CARRA DE VAUX, E. EHRARDT, H. ALLIER, F. CHALLAYE.

Le droit de grève, par MM. CH. GIDE, H. BERTHÉLEMY, P. BUREAU, A. KEUFER, C. PERREAU, CH. PICQUENARD, A.-E. SAYOUS, F. FAGNOT, E. VANDERVELDE.

Les trusts et les syndicats de producteurs, par J. CHASTIN. (*Récompensé par l'Institut*).

L'individu, l'association et l'État, par E. FOURNIÈRE, prof. au Conservatoire des Arts et Métiers.

Le surpeuplement et les habitations à bon marché, par H. TUROT et H. BELLAMY.

L'individualisation de la peine, par R. SALEILLES, prof. à la Faculté de droit de l'Univ. de Paris, et G. MORIN, doc. 2ᵉ édition.

L'idéalisme social, par EUGÈNE FOURNIÈRE, 2ᵉ édit.

Ouvriers du temps passé (xvᵉ et xviᵉ siècles), par H. HAUSER, professeur à l'Université de Dijon, 3ᵉ édition.

Les transformations du pouvoir, par G. TARDE, 2ᵉ édit.

Morale sociale, par MM. G. BELOT, MARCEL BERNÈS, BRUNSCHVICG, F. BUISSON, DARLU, DAURIAC, DELBET, CH. GIDE, M. KOVALEVSKY, MALAPERT, le R. P. MAUMUS, DE ROBERTY, G. SOREL, le PASTEUR WAGNER. Préface de M. ÉMILE BOUTROUX, de l'Institut. 2ᵉ édit.

Les enquêtes, *pratique et théorie*, par P. DU MAROUSSEM.

Questions de morale, par MM. BELOT, BERNÈS, F. BUISSON, A. CROISET, DARLU, DELBOS, FOURNIÈRE, MALAPERT, MOCH, D. PARODI, G. SOREL. 2ᵉ édit.

Le développement du catholicisme social, depuis l'encyclique *Rerum Novarum*, par MAX TURMANN. 2ᵉ édit.

Le socialisme sans doctrines, par A. MÉTIN.

L'éducation morale dans l'Université, par MM. LÉVY-BRUHL, DARLIN, M. BERNÈS, KORTZ, ROCAFORT, BIOCHE, Ph. GIDEL, MALAPERT, BELOT.

La méthode historique appliquée aux sciences sociales, par CH. SEIGNOBOS, professeur à l'Univ. de Paris. 2ᵉ édit.

Assistance sociale. *Pauvres et mendiants*, par PAUL STRAUSS.

L'hygiène sociale, par E. DUCLAUX, de l'Institut.

Le contrat de travail. *Le rôle des syndicats professionnels*, par P. BUREAU, professeur à la Faculté libre de droit de Paris.

Essai d'une philosophie de la solidarité, par MM. DARLU, RAUH, F. BUISSON, GIDE, X. LÉON, LA FONTAINE, E. BOUTROUX.

L'éducation de la démocratie, par MM. E. LAVISSE, A. CROISET, SEIGNOBOS, MALAPERT, LANSON, HADAMARD. 2ᵉ édit.

L'exode rural et le retour aux champs, par E. VANDERVELDE.

La lutte pour l'existence et l'évolution des sociétés, par J.-L. DE LANESSAN, ancien ministre.

La concurrence sociale et les devoirs sociaux, par LE MÊME.

La démocratie devant la science, par C. BOUGLÉ, chargé de cours à l'Université de Paris.

L'individualisme anarchiste. *Max Stirner*, par V. BASCH, chargé de cours à l'Université de Paris.

Les applications sociales de la solidarité, par MM. BUDIN, CH. GIDE, H. MONOD, PAULET, ROBIN, SIEGFRIED, BROUARDEL.

La paix et l'enseignement pacifiste, par MM. FR. PASSY, CH. RICHET, D'ESTOURNELLES DE CONSTANT, E. BOURGEOIS, A. WEISS, H. LA FONTAINE, G. LYON.

Études sur la philosophie morale au XIXᵉ siècle, par MM. BELOT, A. DARLU, M. BERNÈS, A. LANDRY, CH. GIDE, E. ROBERTY, R. ALLIER, H. LICHTENBERGER, L. BRUNSCHVICG.

Enseignement et démocratie, par MM. A. CROISET, DEVINAT, BOITEL, MILLERAND, APPELL, SEIGNOBOS, LANSON, CH.-V. LANGLOIS.

Religions et sociétés, par MM. TH. REINACH, A. PUECH, R. ALLIER, A. LEROY-BEAULIEU, LE Bᵒⁿ CARRA DE VAUX, H. DREYFUS.

Essais socialistes, *La religion*, *L'alcoolisme*, *L'art*, par E. VANDERVELDE, professeur a l'Université nouvelle de Bruxelles.

LES MAITRES DE LA MUSIQUE

ÉTUDES D'HISTOIRE ET D'ESTHÉTIQUE

Publiées sous la direction de M. JEAN CHANTAVOINE

Collection honorée d'une souscription du Ministère des Beaux-Arts

Chaque volume in-8 de 250 pages environ, 3 fr. 50

Publiés :

Palestrina, par MICHEL BRENET. 2ᵉ édition.

César Franck, par VINCENT D'INDY. 4ᵉ édit.

J.-S. Bach, par ANDRÉ PIRRO. 2ᵉ édit.

Beethoven, par JEAN CHANTAVOINE. 4ᵉ édit.

Mendelssohn, par CAMILLE BELLAIGUE, 2ᵉ édition.

Smetana, par WILLIAM RITTER.

Rameau, par LOUIS LALOY. 2ᵉ éd.

Moussorgski, par M. D. CALVOCORESSI.

Haydn, par MICHEL BRENET.

Trouvères et Troubadours, par PIERRE AUBRY.

Wagner, par HENRI LICHTENBERGER.

BIBLIOTHÈQUE
D'HISTOIRE CONTEMPORAINE
Volumes in-16 et in-8

DERNIERS VOLUMES PUBLIÉS :

CHALLAYE (F.). **Au Congo français.** *La question internationale du Congo.* 1 vol. in-8 . . . . 5 fr.

DEBIDOUR, prof. à la Sorbonne. **L'Eglise catholique et l'Etat en France sous la 3ᵉ république (1870-1906).** Tome II (1889-1906). 1 vol. in-8 . . . . 10 fr.

DRIAULT (E.). **Vue générale de l'histoire de la civilisation.** 2 vol. in-16, illustrés. (*Récompensé par l'Institut*). . . . . . . 7 fr.

— **Le monde actuel.** *Tableau politique et économique.* 1 vol. in-8. . . . . 7 fr.

FÈVRE et HAUSER. **Régions et pays de France.** 1 vol. in-8, illustré. . . . . 7 fr.

LANDELSMAN. **Napoléon et la Pologne (1806-1807).** 1 vol. in-8. . . . . 5 fr.

MAILATH (Cᵗᵉ J. de). **La Hongrie rurale, sociale et politique.** 1 vol. in-8. . . . . 5 fr.

MANTOUX (J.). **A travers l'Angleterre contemporaine.** 1 vol. in-16. Préface de G. Monod, de l'Institut. 1 vol. in-16. . . . 3 fr. 50

Socialisme à l'Etranger (Le). *Angleterre, Allemagne, Autriche, Italie, Espagne, Russie, Japon, Etats-Unis,* par MM. J. Bardoux, G. Gidel, Kinzo Gorai, G. Isambert, G. Louis-Jaray, A. Marvaud, Da Motta de San Miguel, P. Quentin-Bauchart, M. Revon, A. Tardieu. 1 vol. in-16. . . . . 3 fr. 50

Vie politique dans les Deux Mondes (La), publiées sous la direction de A. Viallate, professeur à l'Ecole des Sciences politiques. *Deuxième année (1907-1908)* 1 vol. in-8. . . . . 10 fr.

EUROPE

Histoire de l'Europe pendant la Révolution française, par *H. de Sybel.* Traduit de l'allemand par Mlle Dosquet. 6 vol. in-8. Chacun. 7 fr.

Hist. diplomatique de l'Europe (1815-1878), par *Debidour*, 2 v. in-8. 18 fr.

La question d'Orient, depuis ses origines jusqu'à nos jours, par *E. Driault*; préface de *G. Monod.* 1 vol. in-8. 3ᵉ édit. . . . . 7 fr.

La papauté, par *I. de Dœllenger.* Trad. de l'allemand. 1 vol. in-8. 7 fr.

Questions diplomatiques de 1904, par *A. Tardieu.* 1 vol. in-16. 3 fr. 50

La conférence d'Algésiras. *Histoire diplomatique de la crise marocaine (janvier-avril 1906),* par *le même.* 2ᵉ édit. 1 vol. in-8. 10 fr.

FRANCE

La révolution française, par *H. Carnot.* 1 vol. in-16. Nouv. éd. 3 fr. 50

La théophilanthropie et le culte décadaire (1796-1801), par *A. Mathiez.* 1 vol. in-8. . . . . 12 fr.

Contributions a l'histoire religieuse de la révolution française. par *le même.* 1 vol. in-16. . . . . 3 fr. 50

Mémoires d'un ministre du trésor public (1789-1815), par le comte *Mollien.* Publié par *M. Gomel.* 3 vol. in-8. . . . . 15 fr.

Condorcet et la révolution française, par *L. Cahen.* 1 vol. in-8. 10 fr.

Cambon et la révolution française, par *F. Bornarel.* 1 vol. in-8. 7 fr.

Le culte de la raison et le culte de l'être suprême (1793-1794). Étude historique, par *A. Aulard.* 2ᵉ éd. 1 vol. in-16. . . . . . . 3 fr. 50

Études et leçons sur la révolution française, par *A. Aulard.* 5 vol. in-16. Chacun . . . . 3 fr. 50

Variétés révolutionnaires, par *M. Pellet.* 3 vol. in-16. Chacun 3 fr. 50

Hommes et choses de la Révolution, par *Eug. Spuller.* 1 vol. in-16. . . . . 3 fr. 50

Les campagnes des armées françaises (1792-1815), par *C. Vallaux.* 1 vol. in-16, avec 17 cartes. . . . . 3 fr. 50

LA POLITIQUE ORIENTALE DE NAPOLÉON (1806-1808), par *E. Driault.* 1 vol.
in-8. . . . . 7 fr.
NAPOLÉON ET LA SOCIÉTÉ DE SON TEMPS, par *P. Bondois.* 1 vol. in-8. 7 fr.
DE WATERLOO A SAINTE-HÉLÈNE (20 juin-16 oct. 1815), par *J. Silvestre,*
1 vol. in-16. . . . . 3 fr. 50
LE CONVENTIONNEL GOUJON, par *L. Thénard et R. Guyot* 1 vol. in-8. 5 fr.
HISTOIRE DE DIX ANS (1830-1840), par *Louis Blanc.* 5 vol. in-8. Chacun. 5 fr.
ASSOCIATIONS ET SOCIÉTÉS SECRÈTES SOUS LA DEUXIÈME RÉPUBLIQUE (1848-
1851), par *J. Tchernoff.* 1 vol. in-8. . . . . 7 fr.
HISTOIRE DU SECOND EMPIRE, par *Taxile Delord.* 6 vol. in-8. Chac. 7 fr.
HISTOIRE DU PARTI RÉPUBLICAIN (1814-1870), par *G. Weill.* 1 v. in-8. 10 fr.
HISTOIRE DU MOUVEMENT SOCIAL (1852-1902), par *le même.* 1 v. in-8. 7 fr.
HISTOIRE DE LA TROISIÈME RÉPUBLIQUE, par *E. Zevort* : I. *Présidence de
M. Thiers.* 1 vol. in-8. 3ᵉ édit. 7 fr. — II. *Présidence du Maréchal.* 1 vol.
in-8. 2ᵉ édit. 7 fr. — III. *Présidence de Jules Grévy.* 1 vol. in-8. 2ᵉ édi-
tion. 7 fr. — IV. *Présidence de Sadi-Carnot.* 1 vol. in-8. . . . 7 fr.
HISTOIRE DES RAPPORTS DE L'ÉGLISE ET DE L'ETAT EN FRANCE (1789-1870),
par *A. Debidour.* 1 vol. in-8 (*Couronné par l'Institut*). . . . 12 fr.
L'ETAT ET LES ÉGLISES EN FRANCE, Des origines à la loi de séparation,
par *J.-L. de Lanessan.* 1 vol. in-16. . . . . 3 fr. 50
LA SOCIÉTÉ FRANÇAISE SOUS LA TROISIÈME RÉPUBLIQUE, par *Marius-Ary
Leblond.* 1 vol. in-8. . . . . 5 fr.
LA LIBERTÉ DE CONSCIENCE EN FRANCE (1595-1905), par *G. Bonet-Maury.*
1 vol. in-8, 2ᵉ édit. . . . . 5 fr.
LES CIVILISATIONS TUNISIENNES, par *P. Lapie.* 1 vol. in-16. . . 3 fr. 50
LES COLONIES FRANÇAISES, par *P. Gaffarel.* 1 vol. in-8. 6ᵉ éd. . . 5 fr.
L'ŒUVRE DE LA FRANCE AU TONKIN, par *A. Gaisman.* 1 v. in-16. 3 fr. 50
LA FRANCE HORS DE FRANCE. *Notre émigration, sa nécessité, ses condi-
tions,* par *J.-B. Piolet.* 1 vol. in-8. . . . . 10 fr.
L'INDO-CHINE FRANÇAISE (*Cochinchine, le Cambodge, l'Annam et le Ton-
kin*), par *J.-L. de Lanessan.* 1 vol. in-8, avec 5 cartes en couleurs. 15 fr.
L'ALGÉRIE, par *M. Wahl.* 1 vol. in-8. 5ᵉ éd., revue par *A. Bernard.* 5 fr.
LA FRANCE MODERNE ET LE PROBLÈME COLONIAL (1815-1830), par
Ch. Schefer. 1 vol. in-8. . . . . 7 fr.
L'ÉGLISE CATHOLIQUE ET L'ETAT EN FRANCE SOUS LA TROISIÈME RÉPU-
BLIQUE (1870-1906), par *A. Debidour.* Tome I. 1870-1889. 1 vol. in-8. 7 fr.
Tome II, 1889-1906. 1 vol, in-8 . . . . 10 fr.
L'EVEIL D'UN MONDE. *L'œuvre de la France en Afrique occidentale,* par
L. Hubert. 1 vol. in-16. . . . . 3 fr. 50

ALLEMAGNE

LE GRAND-DUCHÉ DE BERG (1806-1813), par *Ch. Schmidt.* 1 vol. in-8. 10 fr.
HISTOIRE DE LA PRUSSE, de la mort de Frédéric II à la bataille de Sadowa,
par *E. Véron.* 1 vol. in-18. 6ᵉ éd. . . . . 3 fr. 50
LES ORIGINES DU SOCIALISME D'ÉTAT EN ALLEMAGNE, par *Ch. Andler.* 1 vol.
in-8. . . . . 7 fr.
L'ALLEMAGNE NOUVELLE ET SES HISTORIENS (*Niebuhr, Ranke, Mommsen,
Sybel, Treitschke*), par *A. Guilland.* 1 vol. in-8 . . . . 5 fr.
LA DÉMOCRATIE SOCIALISTE ALLEMANDE, par *E. Milhaud.* 1 vol. in-8. 10 fr.
LA PRUSSE ET LA RÉVOLUTION DE 1848, par *P. Matter.* 1 v. in-16. 3 fr. 50
BISMARCK ET SON TEMPS, par *le même.* 3 vol. in-8, chacun. 10 fr. — I. *La
préparation* (1815-1862). — II. *L'action* (1863-1870). — III. *Le triomphe
et le déclin* (1870-1896). (*Ouvrage couronné par l'Institut*).

ANGLETERRE

HISTOIRE CONTEMPORAINE DE L'ANGLETERRE, depuis la mort de la reine
Anne jusqu'à nos jours, par *H. Reynald.* 1 vol. in-16. 2ᵉ éd. 3 fr. 50
LE SOCIALISME EN ANGLETERRE, par *Albert Métin.* 1 vol. in-16. 3 fr. 50

AUTRICHE-HONGRIE

LES TCHÈQUES ET LA BOHÊME CONTEMPORAINE, par *Bourlier,* in-16. 3 fr. 50
LES RACES ET LES NATIONALITÉS EN AUTRICHE-HONGRIE, par *B. Auerbach,*
1 vol. in-8. 2ᵉ édit. (*Sous presse*) . . . . 5 fr.
LE PAYS MAGYAR, par *R. Recouly.* 1 vol. in-16. . . . . 3 fr. 50

ESPAGNE

HISTOIRE DE L'ESPAGNE, depuis la mort de Charles III jusqu'à nos jours, par *H. Reynald.* 1 vol. in-16 . . . . 3 fr. 50

GRÈCE et TURQUIE

LA TURQUIE ET L'HELLÉNISME CONTEMPORAIN, par *V. Bérard.* 1 vol. in-16. 4ᵉ éd. (*Ouvrage couronné par l'Académie française*) . . . . 3 fr. 50
BONAPARTE ET LES ILES IONIENNES (1797-1816), par *E. Rodocanachi.* 1 vol. in-8 . . . . 5 fr.

ITALIE

HISTOIRE DE L'UNITÉ ITALIENNE (1814-1871), *Bolton King.* 2 v. in-8. 15 fr.
HISTOIRE DE L'ITALIE, depuis 1815 jusqu'à la mort de Victor-Emmanuel, par *E. Sorin.* 1 vol. in-16 . . . . 3 fr. 50
BONAPARTE ET LES RÉPUBLIQUES ITALIENNES (1796-1799), par *P. Gaffarel.* 1 vol. in-8 . . . . 5 fr.
NAPOLÉON EN ITALIE (1800-1812), par *J.-E. Driault.* 1 vol. in-8. . 10 fr.

SUISSE

HISTOIRE DU PEUPLE SUISSE, par *Daendliker.* Introd. de *Jules Favre.* In-8. 5 fr.

ROUMANIE

HISTOIRE DE LA ROUMANIE CONTEMP. (1822-1900), par *Damé.* In-8. 7 fr.

AMÉRIQUE

HISTOIRE DE L'AMÉRIQUE DU SUD, par *Alf. Deberle.* in-16. 3ᵉ éd. 3 fr. 50
L'INDUSTRIE AMÉRICAINE, par *A. Viallate*, professeur à l'École des Sciences politiques. 1 vol. in-8 . . . . 10 fr.

CHINE-JAPON

HISTOIRE DES RELATIONS DE LA CHINE AVEC LES PUISSANCES OCCIDENTALES (1861-1902), par *H. Cordier*, de l'Instit. 3 vol. in-8, avec cartes. 30 fr.
L'EXPÉDITION DE CHINE DE 1857-58, par *le même.* 1 vol. in-8. . . 7 fr.
L'EXPÉDITION DE CHINE DE 1860, par *le même.* 1 vol. in-8. . . . . 7 fr.
EN CHINE. *Mœurs et institutions.* par *M. Courant.* 1 vol. in-16. 3 fr. 50
LE DRAME CHINOIS, par *Marcel Monnier.* 1 vol. in-16. . . . 2 fr. 50
LE PROTESTANTISME AU JAPON (1859-1907), par *R. Allier.* 1 vol. in-16. 3 fr. 50

ÉGYPTE

LA TRANSFORMATION DE L'ÉGYPTE, par *Alb. Métin.* 1 vol. in-16. 3 fr. 50

INDE

L'INDE CONTEMP. ET LE MOUVEMENT NATIONAL, par *Piriou.* In-16 3 fr. 50

QUESTIONS POLITIQUES ET SOCIALES

Despois (E.). LE VANDALISME RÉVOLUTIONNAIRE. 1 vol. in-16. 4ᵉ éd. 3 f. 50
Dumoulin (M.). FIGURES DU TEMPS PASSÉ. 1 vol. in-16. . 3 fr. 50
Driault (E.). PROBLÈMES POLITIQUES ET SOCIAUX. 2ᵉ éd. 1 vol. in-8. 7 fr.
— HISTOIRE DU MOUVEMENT SYNDICAL EN FRANCE (1789-1906). 3 fr. 50
Eichthal (Eug. d'), de l'Institut. SOUVERAINETÉ DU PEUPLE ET GOUVERNEMENT. 1 vol. in-16 . . . . 3 fr. 50
Guyot (Yves). SOPHISMES SOCIALISTES ET FAITS ÉCONOMIQUES. 1 vol. in-16. . . . . 3 fr. 50
Lanessan (J.-L. de). LES MISSIONS ET LEUR PROTECTORAT. 1 vol. in-16. . . . . 3 fr. 50
Lichtenberger (A.) LE SOCIALISME UTOPIQUE. 1 vol. in-16. 3 fr. 50
— LE SOCIALISME ET LA RÉVOLUTION FRANÇAISE. 1 v. in-8. . . 5 fr.
Louis (Paul). L'OUVRIER DEVANT L'ÉTAT. 1 vol. in-8 . . . . . 7 fr.
Matter (Paul). LA DISSOLUTION DES ASSEMBLÉES PARLEMENTAIRES. 1 vol. in-8 . . . . 5 fr.
Reinach (J.). LA FRANCE ET L'ITALIE DEVANT L'HISTOIRE. 1 vol. in-8. 5 fr.
Schefer (G.). BERNADOTTE ROI (1810-1818-1844). 1 vol. in-8. 5 fr.
Spuller (Eug.). FIGURES DISPARUES, 3 vol. in-16, chacun . 3 fr 50
— L'ÉDUCATION DE LA DÉMOCRATIE. 1 vol. in-16. . . . . 3 fr. 50
— L'ÉVOLUTION POLITIQUE ET SOCIALE DE L'ÉGLISE. 1 vol. in-16. 3 fr. 50

Tardieu (A.). LA FRANCE ET SES ALLIANCES. *La lutte pour l'équilibre.* 1 vol. in-16. . . . . 3 fr. 50
Viallate (A.). LA VIE POLITIQUE DANS LES DEUX MONDES, 1re ANNÉE (1906-1907). 1 fort volume in-8. . . . . 10 fr.
Weill (G.). L'ÉCOLE SAINT-SIMONIENNE. 1 vol. in-16. . . 3 fr. 50

MINISTRES ET HOMMES D'ÉTAT

Chaque volume in-16, 2 fr. 50

Bismarck, par H. WELSCHINGER.
Prim, par H. LÉONARDON.
Disraeli, par M. COURCELLE.

Okoubo, ministre japonais, par M. COURANT.
Chamberlain, par A. VIALLATE.

BIBLIOTHÈQUE UTILE

Élégants volumes in-32, de 192 pages chacun.

Chaque volume broché, 60 cent.; cartonné, 1 franc.

Acloque (A.). Les insectes nuisibles (avec fig.).
Amigues (E.). A travers le ciel.
Bastide. Les guerres de la Réforme. 5e édit.
— Luttes religieuses des premiers siècles. 5e édit.
Beauregard (H.). Zoologie générale (avec fig.).
Bellet. (B.). Les grands ports maritimes de commerce (avec fig.).
.**Bère.** Histoire de l'armée française.
Berget (Adrien.) La viticulture nouvelle. (*Manuel du vigneron.*) 3e éd.
— La pratique des vins. 2e éd. (*Guide du récoltant*).
— Les vins de France. (*Guide du consommateur.*)
Bertillon (Jacques). La statistique humaine de la France.
Blerzy (H.). Les colonies anglaises. 2e édit.
— Torrents, fleuves et canaux de la France. 3e édit.
Boilliot. Les entretiens de Fontenelle sur la pluralité des mondes.
Bondois. (P). L'Europe contemporaine (1789-1879). 2e édit.
Bouant. Les principaux faits de la chimie (avec fig.).
— Hist. de l'eau (avec fig.).
Brothier. Histoire de la terre. 9e éd.
— Causeries sur la mécanique. 5e édit.

Buchez. Les Mérovingiens. 6e éd.
— Les Carlovingiens. 2e éd.
Carnot. Révolution française, 2 vol. 7e édit.
Catalan. Notions d'astronomie. 6e édit.
Collas (L.). Histoire de l'empire ottoman. 3e édit.
Collier. Premiers principes des beaux-arts (avec fig.).
Combes (L.). La Grèce ancienne. 4e édit.
Corbon. De l'enseignement professionnel. 4e édit.
Coste (Ad.). Alcoolisme ou épargne. 6e édit.
— Richesse et bonheur.
Coupin (H.). La vie dans les mers (avec fig.).
Creighton. Histoire romaine (avec fig.).
Cruveilhier. Hygiène générale. 9e édit.
Dallet. La navigation aérienne (avec fig.).
Debidour (A.) Histoire des rapports de l'Eglise et de l'Etat en France (1789-1871). Abrégé par DUBOIS et SARTHOU.
Despois (Eug.). Révolution d'Angleterre. 4e édit.
Doneaud (Alfred). Histoire de la marine française. 4e édit.
— Histoire contemporaine de la Prusse. 2e édit.
Dufour. Petit dictionnaire des falsifications. 4e édit.
Enfantin. La vie éternelle. 6e éd.

Faque. L'Indo-Chine française.
Perrière. Le darwinisme. 9e éd.
Gaffarel (Paul). La défense nationale en 1792. 2e édit.
—Les frontières françaises. 2e édit.
Gastineau (B.). Les génies de la science et de l'industrie. 3e éd
Geikie. La géologie (avec fig.). 5e édit.
Genevoix (F.). Les matières premières.
—Les procédés industriels.
Gérardin. Botanique générale) avec fig.).
Girard de Rialle. Les peuples de l'Asie et de l'Europe.
Gossin. La photographie (fig.).
— La machine à vapeur (avec fig.)
Grove. Continents et océans. 3e éd.
Hatin. Le Journal.
Henneguy. Histoire de l'Italie depuis 1815.
Huxley. Premières notions sur les sciences. 4e édit.
Jevons (Stanley). L'économie politique. 10e édit.
Jouan. Les îles du Pacifique.
— La chasse et la pêche des animaux marins.
Jourdan (J.). La justice criminelle en France. 4e édit.
Jourdy. Le patriotisme à l'école.
Joyeux. L'Afrique française.
Larbalétrier (A.). L'agriculture française (avec fig.).
—Les plantes d'appartement (avec fig.).
Larivière (Ch. de). Les origines de la guerre de 1870.
Larrivé. L'assistance publique.
Laumonier. (Dr J.) L'hygiène de la cuisine.
Leneveux. Le budget du foyer.
— Le travail manuel en France. 2e édit.
Lévy (Albert). Histoire de l'air (avec fig.). 4e édit.
Look (F.). Jeanne d'Arc. 3e édit.
— Histoire de la Restauration. 5e édit.
Mahaffy. L'antiquité grecque (avec fig.).
Maigne. Les mines de la France et de ses colonies.
Margollé, voy. Zurcher.
Mayer (G.). Les chemins de fer (avec fig.).
Merklen (P.). La Tuberculose ; son traitement hygiénique.

Meunier (G.). Histoire de la littérature française. 4e éd.
— Histoire de l'art (avec fig.).
Milhaud (A.). Madagascar. 2e ed.
Mongredien. Le libre-échange en Angleterre.
Monin. Les maladies épidémiques (avec fig.).
Morand. Introduction à l'étude des sciences physiques. 6e éd.
Morin. La loi civile en France. 6e édit.
Noël (Eugène). Voltaire et Rousseau. 4e édit.
Ott (A.). L'Asie occidentale et l'Egypte. 3e édit.
Paulhan (F.). La physiologie de l'esprit. 5e édit. refondue.
Paul Louis. Les lois ouvrières.
Petit. Economie rurale et agricole.
Pichat (L.). L'art et les artistes en France. 5e édit.
Quesnel. Histoire de la conquête de l'Algérie.
Raymond (E.). L'Espagne et le Portugal. 3e édit.
Regnard. Histoire contemporaine de l'Angleterre.
Renard (G.). L'homme est-il libre? 5e édit.
Robinet. La philosophie positive. 6e édit.
Rolland (Ch.). Histoire de la maison d'Autriche. 4e édit.
Sérieux et Mathieu. L'Alcool et l'alcoolisme. 4e édit.
Spencer (Herbert). De l'éducation. 12e édit.
Turck. Médecine populaire. 7e édit.
Vaillant. Petite chimie de l'agriculteur.
Wilkins. L'antiquité romaine (avec fig.). 2e édit.
Zaborowski (S.). L'homme préhistorique. 7e édit.
— Les mondes disparus (avec fig.) 4e édit.
— Les grands singes.
— L'origine du langage. 6e édit.
— Les migrations des animaux. 4e édit.
Zevort (Edg.). Histoire de Louis-Philippe. 4e édit.
Zurcher (F.). Les phénomènes de l'atmosphère. 7e édit.
Zurcher et Margollé. Télescope et microscope. 3e édit.
— Les phénomènes célestes. 3e éd.

BIBLIOTHÈQUE
DE PHILOSOPHIE CONTEMPORAINE

VOLUMES IN-16.
Brochés, 2 fr. 50.

Derniers volumes publiés :

J. Bourdeau
Pragmatisme et modernisme.

G. Compayré.
L'adolescence.

Em. Cramaussel.
Le premier éveil intellectuel de l'enfant.

E. d'Eichthal.
Pages sociales.

J. Girod.
Démocratie, patrie et humanité.

A. Joussain.
Le fondement psychologique de la morale.

G. Palante.
La sensibilité individualiste.

Fr. Paulhan.
La morale de l'ironie.

A. Schopenhauer.
Métaphysique et esthétique.

Alaux.
Philosophie de Victor Cousin.

R. Allier.
Philosophie d'Ernest Renan. 3e éd.

L. Arréat.
La morale dans le drame. 3e édit.
Mémoire et imagination. 2e édit.
Les croyances de demain.
Dix ans de philosophie (1890-1900).
Le sentiment religieux en France.
Art et psychologie individuelle.

G. Aslan.
Expérience et Invention en morale.

G. Ballet.
Langage intérieur et aphasie. 2e éd.

A. Bayet.
La morale scientifique. 2e édit.

Beaussire.
Antécédents de l'hégélianisme.

Bergson.
Le rire. 5e édit.

Binet.
Psychologie du raisonnement. 4e éd.

Hervé Blondel.
Les approximations de la vérité.

C. Bos.
Psychologie de la croyance. 2e éd.
Pessimisme, féminisme, moralisme.

M. Boucher.
Essai sur l'hyperespace. 2e éd.

C. Bouglé.
Les sciences sociales en Allemagne.
Qu'est-ce que la sociologie?

J. Bourdeau.
Les maîtres de la pensée. 5e éd.
Socialistes et sociologues. 2e édit.

E. Boutroux.
Conting. des lois de la nature. 6e éd.

Brunschvicg.
Introd. à la vie de l'esprit. 2e éd.
L'idéalisme contemporain.

C. Coignet.
Protestantisme français au xixe siècle

Coste.
Dieu et l'âme. 2e édit.

A. Cresson.
Bases de la philos. naturaliste.
Le malaise de la pensée philos.
La morale de Kant. 2e éd.

G. Danville.
Psychologie de l'amour. 4e édit.

L. Dauriac.
La psychol. dans l'Opéra français.

J. Delvolvé.
L'organisation de la conscience morale.

L. Dugas.
Psittacisme et pensée symbolique.
La timidité. 4e édit.
Psychologie du rire.
L'absolu.

L. Duguit.
Le droit social, le droit individuel et la transformation de l'État.

G. Dumas.
Le sourire.

Dunan.
Théorie psychologique de l'espace.

Duprat.
Les causes sociales de la folie.
Le mensonge. 2e édit.

Durand (DE GROS).
Philosophie morale et sociale.

E. Durkheim.
Les règles de la méthode sociol. 4e éd.

BIBLIOTHÈQUE R.F. NATIONALE

E. d'Eichthal.
Cor, de S. Mill et G. d'Eichthal.
Les probl. sociaux et le socialisme.
Encausse (Papus).
Occultisme et spiritualisme. 2ᵉ éd.
A. Espinas.
La philos. expériment. en Italie.
E. Faivre.
De la variabilité des espèces.
Ch. Féré.
Sensation et mouvement. 2ᵉ édit.
Dégénérescence et criminalité. 4ᵉ éd.
E. Ferri.
Les criminels dans l'art.
Fierens-Gevaert.
Essai sur l'art contemporain. 2ᵉ éd.
La tristesse contemporaine. 5ᵉ éd.
Psychol. d'une ville. Bruges. 3ᵉ éd.
Nouveaux essais sur l'art contemp.
Maurice de Fleury.
L'âme du criminel. 2ᵉ éd.
Fonsegrive.
La causalité efficiente.
A. Fouillée.
Propriété sociale et démocratie.
E. Fournière.
Essai sur l'individualisme. 2ᵉ édit.
Gauckler.
Le beau et son histoire.
G. Geley.
L'être subconscient. 2ᵉ édit.
E. Goblot.
Justice et liberté. 2ᵉ édit.
A. Godfernaux.
Le sentiment et la pensée. 2ᵉ édit.
J. Grasset.
Les limites de la biologie. 5ᵉ édit.
G. de Greef.
Les lois sociologiques. 4ᵉ édit.
Guyau.
La genèse de l'idée de temps. 2ᵉ éd.
E. de Hartmann.
La religion de l'avenir. 7ᵉ édition.
Le Darwinisme. 8ᵉ édition.
R. C. Herckenrath.
Probl. d'esthétique et de morale.
Marie Jaëll.
L'intelligence et le rythme dans
les mouvements artistiques.
W. James.
La théorie de l'émotion. 3ᵉ édit.
Paul Janet.
La philosophie de Lamennais.
Jankelevitch.
Nature et société.
J. Lachelier.
Du fondement de l'induction. 5ᵉ éd.
Études sur le syllogisme.

C. Laisant.
L'Éducation fondée sur la science.
Mᵐᵉ Lampérière.
Le rôle social de la femme.
A. Landry.
La responsabilité pénale.
Lange.
Les émotions. 2ᵉ édit.
Laple.
La justice par l'État.
Laugel.
L'optique et les arts.
Gustave Le Bon.
Lois psychol. de l'évol. des peuples.
Psychologie des foules. 14ᵉ éd.
F. Le Dantec.
Le déterminisme biologique. 3ᵉ éd.
L'individualité et l'erreur individualiste. 3ᵉ édit.
Lamarckiens et darwiniens. 3ᵉ éd.
G. Lefèvre.
Obligation morale et idéalisme.
Liard.
Les logiciens anglais contem. 5ᵉ éd.
Définitions géométriques. 3ᵉ édit.
H. Lichtenberger.
La philosophie de Nietzsche. 11ᵉ éd.
Aphorismes de Nietzsche. 4ᵉ éd.
O. Lodge.
La vie et la matière. 2ᵉ édit.
Lombroso.
L'anthropologie criminelle. 5ᵉ éd.
John Lubbock.
Le bonheur de vivre. 2 vol. 11ᵉ éd.
L'emploi de la vie. 7ᵉ édit.
G. Lyon.
La philosophie de Hobbes.
E. Marguery.
L'œuvre d'art et l'évolution. 2ᵉ édit.
Mauxion.
L'éducation par l'instruction. 2ᵉ éd.
Nature et éléments de la moralité.
G. Milhaud.
Les conditions et les limites de la
certitude logique. 2ᵉ édit.
Le rationnel.
Mosso.
La peur. 4ᵉ éd.
La fatigue intellect. et phys. 6ᵉ éd.
E. Murisier.
Les mal. du sent. religieux. 3ᵉ éd.
A. Naville.
Nouvelle classif. des sciences. 2ᵉ éd.
Max Nordau.
Paradoxes psychologiques. 6ᵉ éd.
Paradoxes sociologiques. 5ᵉ édit.
Psycho-physiologie du génie. 4ᵉ éd.
Novicow.
L'avenir de la race blanche. 2ᵉ édit.

Ossip-Lourié.
Pensées de Tolstoï. 2e édit.
Philosophie de Tolstoï. 2e édit.
La philos. soc. dans le théât. d'Ibsen.
Nouvelles pensées de Tolstoï.
Le bonheur et l'intelligence.
Croyance religieuse et croyance
intellectuelle.

G. Palante.
Précis de sociologie. 4e édit.

W.-R. Paterson (SWIFT).
L'éternel conflit.

Paulhan.
Les phénomènes affectifs. 2e édit.
Psychologie de l'invention.
Analystes et esprits synthétiques.
La fonction de la mémoire.

J. Philippe.
L'image mentale.

**J. Philippe
et G. Paul-Boncour.**
Les anomalies mentales chez les
écoliers. 2e édit.

F. Pillon.
La philosophie de Charles Secrétan.

Pioger.
Le monde physique.

L. Proal.
L'éducation et le suicide des enfants.

Queyrat.
L'imagination chez l'enfant. 4e édit.
L'abstraction. 2e édit.
Les caractères et l'éducation morale.
La logique chez l'enfant. 3e éd.
Les jeux des enfants. 2e édit.

G. Rageot.
Les savants et la philosophie.

P. Regnaud.
Précis de logique évolutionniste.
Comment naissent les mythes.

G. Renard.
Le régime socialiste. 6e édit.

A. Réville.
Divinité de Jésus-Christ. 4e éd.

A. Rey.
L'énergétique et le mécanisme.

Th. Ribot.
La philos. de Schopenhauer. 12e éd.
Les maladies de la mémoire. 20e éd.
Les maladies de la volonté. 25e éd.
Les mal. de la personnalité.
14e édit.
La psychologie de l'attention. 10e éd.

G. Richard.
Socialisme et science sociale. 2e éd.

Ch. Richet.
Psychologie générale. 7e éd.

De Roberty.
L'agnosticisme. 2e édit.
La recherche de l'Unité.
Psychisme social.
Fondements de l'éthique.
Constitution de l'éthique.
Frédéric Nietzsche.

E. Roerich.
L'attention spontanée et volontaire.

J. Rogues de Fursac.
Mouvement mystique contemp.

Roisel.
De la substance.
L'idée spiritualiste. 2e édit.

Roussel-Despierres.
L'idéal esthétique.

Rzewuski.
L'optimisme de Schopenhauer.

Schopenhauer.
Le libre arbitre. 10e édition.
Le fondement de la morale. 10e éd.
Pensées et fragments. 22e édition.
Écrivains et style. 2e édit.
Sur la religion. 2e édit.
Philosophie et philosophes.
Éthique, droit et politique.

P. Sollier.
Les phénomènes d'autoscopie.

P. Souriau.
La rêverie esthétique.

Herbert Spencer.
Classification des sciences. 9e édit.
L'individu contre l'État. 8e éd.
L'association en psychologie.

Stuart Mill.
Correspondance avec G. d'Eichthal.
Auguste Comte et la philosophie
positive. 8e édition.
L'utilitarisme. 5e édition.
La liberté. 3e édit.

Sully Prudhomme.
Psychologie du libre arbitre.

**Sully Prudhomme
et Ch. Richet.**
Le probl. des causes finales. 4e éd.

Tanon.
L'évol. du droit et la consc. soc. 2e éd.

Tarde.
La criminalité comparée. 6e éd.
Les transformations du droit. 6e éd.
Les lois sociales. 5e édit.

J. Taussat.
Le monisme et l'animisme.

Thamin.
Éducation et positivisme. 2e éd.

P.-F. Thomas.
La suggestion, son rôle. 4ᵉ édit.
Morale et éducation. 2ᵉ éd.

Tissié.
Les rêves. 2ᵉ édit.

Wundt.
Hypnotisme et suggestion. 4ᵉ édit.

Zeller.
Christ, Baur et l'école de Tubingue.

Th. Ziegler.
La question sociale 3ᵉ éd.

VOLUMES IN-8.

Brochés, à 5, 7.50 et 10 fr.

Derniers volumes publiés :

J.-H. Boex-Borel.
(*J.-H. Rosny aîné*).
Le pluralisme.   5 fr.

L. Dugas.
Le problème de l'éducation.   5 fr.

A. Fouillée.
Le socialisme et la sociologie réformiste.   7 fr. 50

Hermant et Van de Waele
Les principales théories de la logique contemporaine.   5 fr

Hubert et Mauss.
Mélanges d'histoire des religions.   5 fr.

M.-A. Leblond.
L'idéal du XIXᵉ siècle.   5 fr.

C. Lombroso.
L'homme de génie (avec planches), 4ᵉ édit.   10 fr.

E. Naville.
Les philosophies affirmatives. 7 f. 50

G. Rodrigues.
Le problème de l'action.   3 fr. 75

F. Schiller.
Études sur l'humanisme.   10 fr.

A. Schinz.
Anti-pragmatisme.   5 fr.

P. Sollier.
Le doute.   7 fr. 50

P. Souriau.
La suggestion dans l'art. 2ᵉ édit.   5 fr.

Sully-Prudhomme.
Le lien social.   3 fr. 75

P. Tisserand.
L'anthropologie de Maine de Biran.   10 fr.

Ch. Adam.
La philosophie en France (première moitié du XIXᵉ siècle).   7 fr. 50

Arréat.
Psychologie du peintre.   5 fr.

Dʳ L. Aubry.
La contagion du meurtre.   5 fr.

Alex. Bain.
La logique inductive et déductive. 5ᵉ édit. 2 vol.   20 fr.
Les sens et l'intell. 3ᵉ édit. 10 fr.

J.-M. Baldwin.
Le développement mental chez l'enfant et dans la race.   7 fr. 50

J. Bardoux.
Psychol. de l'Angleterre contemp. (*les crises belliqueuses*).   7 fr. 50
Psychologie de l'Angleterre contemporaine (*les crises politiques*).   5 fr.

Barthélemy Saint-Hilaire.
La philosophie dans ses rapports avec les sciences et la religion. 5 fr.

Barzelotti.
La philosophie de H. Taine. 7 fr. 50

A. Bayet.
L'idée de bien.   3 fr. 75

Bazaillas.
Musique et inconscience.   5 fr.
La vie personnelle.   5 fr.

G. Belot.
Études de morale positive. 7 fr. 50

H. Bergson.
Essai sur les données immédiates de la conscience. 6ᵉ édit. 3 fr. 75
Matière et mémoire. 5ᵉ édit.   5 fr.
L'évolution créatrice. 5ᵉ éd. 7 fr. 50

R. Berthelot.
Evolutionnisme et platonisme. 5 fr.

A. Bertrand.
L'enseignement intégral.   5 fr.
Les études dans la démocratie. 5 fr.

A. Binet.
Les révélations de l'écriture.   5 fr.

C. Bloch.
La philosophie de Newton.   10 fr.

Em. Boirac.
L'idée du phénomène. 5 fr.
La psychologie inconnue. 5 fr.

Bouglé.
Les idées égalitaires. 2ª éd. 3 fr. 75
Essais sur le régime des castes. 5 fr.

L. Bourdeau.
Le problème de la mort. 4ª éd. 5 fr.
Le problème de la vie. 7 fr. 50

Bourdon.
L'expression des émotions. 7 fr. 50

Em. Boutroux.
Études d'histoire de la philosophie.
2ª édit. 7 fr. 50

Braunschvig.
Le sentiment du beau et le sentiment politique. 7 fr. 50

L. Bray.
Du beau. 5 fr.

Brochard.
De l'erreur. 2ª éd. 5 fr.

M. Brunschvicg.
Spinoza. 2ª édit. 3 fr. 75
La modalité du jugement. 5 fr.

L. Carrau.
Philosophie religieuse en Angleterre. 5 fr.

Ch. Chabot.
Nature et moralité. 5 fr.

A. Chide.
Le mobilisme moderne. 5 fr.

Clay.
L'alternative. 2ª éd. 10 fr.

Collins.
Résumé de la phil. de H. Spencer.
4ª éd. 10 fr.

Cosentini.
La sociologie génétique. 3 fr. 75

A. Coste.
Principes d'une sociol. obj. 3 fr. 75
L'expérience des peuples. 10 fr.

C. Couturat.
Les principes des mathématiques. 5f.

Crépieux-Jamin.
L'écriture et le caractère. 5ª éd. 7.50

A. Cresson.
Morale de la raison théorique. 5 fr.

Dauriac.
Essai sur l'esprit musical. 5 fr.

H. Delacroix.
Etudes d'histoire et de psychologie
du mysticisme. 10 fr.

Delbos.
Philos. pratique de Kant. 12 fr. 50

J. Delvaille.
La vie sociale et l'éducation. 3 fr. 75

J. Delvolve.
Religion, critique et philosophie
positive chez Bayle. 7 fr. 50

Draghicesco.
L'individu dans le déterminisme
social. 7 fr. 50
Le problème de la conscience.
3 fr. 75

G. Dumas.
La tristesse et la joie. 7 fr. 50
St-Simon et Auguste Comte. 5 fr.

G.-L. Duprat.
L'instabilité mentale. 5 fr.

Duproix.
Kant et Fichte. 2ª édit. 5 fr.

Durand (DE GROS).
Taxinomie générale. 5 fr.
Esthétique et morale. 5 fr.
Variétés philosophiques. 2ª éd. 5 fr.

E. Durkheim.
De la div. du trav. soc. 2ª éd. 7 fr. 50
Le suicide, étude sociolog. 7 fr. 50
L'année sociologique. 10 volumes :
1re à 5e années. Chacune. 10 fr.
6e à 10e. Chacune. 12 fr. 50

V. Egger.
La parole intérieure. 2ª éd. 5 fr.

Dwelshauvers.
La synthèse mentale. 5 fr.

A. Espinas.
La philosophie sociale au xviiie siècle et la Révolution. 7 fr. 50

Enriques.
Les problèmes de la science et la
logique. 3 fr. 75

F. Evellin.
La raison pure et les antinomies. 5 fr.

G. Ferrero.
Les lois psychologiques du sym-
bolisme. 5 fr.

Enrico Ferri.
La sociologie criminelle. 10 fr.

Louis Ferri.
La psychologie de l'association, depuis Hobbes. 7 fr. 50

J. Finot.
Le préjugé des races. 3ª éd. 7 fr. 50
Philosophie de la longévité. 12ª éd.
5 fr.

Fonsegrive.
Le libre arbitre. 2ª éd. 10 fr.

M. Foucault.
La psychophysique. 7 fr. 50
Le rêve. 5 fr.

Alf. Fouillée.
Liberté et déterminisme. 5ª éd. 7 fr. 50
Critique des systèmes de morale
contemporains. 5ª éd. 7 fr. 50
La morale, l'art et la religion, d'a-
près Guyau. 6ª éd. 3 fr. 75
L'avenir de la métaphysique. 2ª éd.
5 fr.

Alf. Fouillée.
Évolutionnisme des idées-forces. 4e éd. 7 fr. 50
La psychologie des idées-forces. 2e édit. 2 vol. 15 fr.
Tempérament et caractère. 3e éd. 7 fr. 50
Le mouvement idéaliste. 2e éd. 7 fr. 50
Le mouvement positiviste. 2e éd. 7.50
Psych. du peuple français. 3e éd. 7.50
La France au point de vue moral. 3e édit. 7 fr. 50
Esquisse psychologique des peuples européens. 4e édit. 10 fr.
Nietzsche et l'immoralisme. 2e éd. 5 fr.
Le moralisme de Kant et l'amoralisme contemporain. 2e éd. 7 fr. 50
Éléments sociol. de la morale. 2e édit. 7 fr. 50
La morale des idées-forces. 7 fr. 50

E. Fournière.
Théories social. au xixe siècle. 7 fr.50

G. Fulliquet.
L'obligation morale. 7 fr. 50

Garofalo.
La criminologie. 5e édit. 7 fr. 50
La superstition socialiste. 5 fr.

L. Gérard-Varet.
L'ignorance et l'irréflexion. 5 fr.

E. Gley.
Études de psycho-physiologie. 5 fr.

E. Goblot.
La classification des sciences. 5 fr.

G. Gory.
L'immanence de la raison dans la connaissance sensible. 5 fr.

R. de la Grasserie.
De la psychologie des religions. 5 fr.

J. Grasset.
Demifous et demiresponsables. 5 fr.
Introduction physiologique à l'étude de la philosophie. 5 fr.

G. de Greef.
Le transformisme social. 2e éd. 7 fr.50
La sociologie économique. 3 fr. 75

K. Groos.
Les jeux des animaux. 7 fr. 50

Gurney, Myers et Podmore
Les hallucin. télépath. 4e éd. 7 fr. 50

Guyau.
La morale angl. cont. 5e éd. 7 fr. 50
Les problèmes de l'esthétique contemporaine. 6e éd. 5 fr.
Esquisse d'une morale sans obligation ni sanction. 9e éd. 5 fr.
L'irréligion de l'avenir. 13e éd. 7 fr. 50
L'art au point de vue social. 8e éd. 7 fr. 50
Éducation et hérédité. 10e éd. 5 fr.

E. Halévy.
La form. du radicalisme philos.
I. *La jeunesse de Bentham.* 7 fr.50
II. *Évol. de la doctr. utilitaire,* 1789-1815. 7 fr. 50
III. *Le radicalisme philos.* 7 fr. 50

O. Hamelin.
Les éléments de la représentation. 7 fr. 50

Hannequin.
L'hypoth. des atomes. 2e éd. 7 fr.50
Études d'histoire des sciences et d'histoire de la philosophie. 2 vol. 15 fr.

P. Hartenberg.
Les timides et la timidité. 2e éd. 5 fr.
Physionomie et caractère. 5 fr.

Hébert.
Évolut. de la foi catholique. 5 fr.
Le divin. 5 fr.

C. Hémon.
Philos. de Sully Prudhomme. 7 fr.50

G. Hirth.
Physiologie de l'art. 5 fr.

H. Höffding.
Esquisse d'une psychologie fondée sur l'expérience. 4e édit. 7 fr. 50
Hist. de la philos. moderne. 2e édit. 2 vol. 20 fr.
Philosophie de la religion. 7 fr. 50

Ioteyko et Stefanowska.
Psycho et physiologie de la douleur. 5 fr.

Isambert.
Les idées socialistes en France (1815-1848). 7 fr. 50

Izoulet.
La cité moderne. 7e édit. 10 fr.

Jacoby.
La sélect. chez l'homme. 2e éd. 10 fr.

Paul Janet.
Œuvres philosophiques de Leibniz. 2e édition. 2 vol. 20 fr.

Pierre Janet.
L'automatisme psychol. 5e éd. 7 fr.50

J. Jastrow.
La subconscience. 7 fr. 50

J. Jaurès.
Réalité du monde sensible. 2e édit. 7 fr. 50

Karppe.
Études d'hist. de la philos. 3 fr. 75

A. Keim.
Helvétius. 10 fr.

P. Lacombe.
Individus et sociétés selon Taine. 7 fr. 50

A. Lalande.
La dissolution opposée à l'évolution. 7 fr. 50

Ch. Lalo.
Esthétique musicale scientifique.5 f.
L'esthétique expérim. cont. 3 fr. 75

A. Landry.
Principes de morale rationnelle. 5 fr.

De Lanessan.
La morale naturelle.   10 fr.
La morale des religions.   10 fr.

Lang.
Mythes, cultes et religions.   10 fr.

P. Lapie.
Logique de la volonté.   7 fr. 50

Lauvrière.
Philosophes contemporains.2ᵉ édit.
                             3 fr. 75

E. de Laveleye.
De la propriété et de ses formes
  primitives. 5ᵉ édit.   10 fr.
Le gouvernement dans la démocratie. 3ᵉ éd. 2 vol.   15 fr.

Gustave Le Bon.
Psych. du socialisme. 5ᵉ éd. 7 fr. 50

G. Lechalas.
Études esthétiques.   5 fr.

Lechartier.
David Hume, moraliste et socio-
  logue.   5 fr.

Leclère.
Le droit d'affirmer.   5 fr.

F. Le Dantec.
L'unité dans l'être vivant. 7 fr. 50
Limites du connaissable. 3ᵉ édit.
                             3 fr. 75

Xavier Léon.
La philosophie de Fichte.   10 fr.

Leroy (E.-B.).
Le langage.   5 fr.

A. Lévy.
La philosophie de Feuerbach. 10 fr.
Edgar Poë. Sa vie. Son œuvre. 10 fr.

L. Lévy-Bruhl.
La philosophie de Jacobi.   5 fr.
Lettres de Stuart Mill à Comte. 10 fr.
La philos. d'Aug.Comte.2ᵉ éd.7 fr.50
La morale et la science des
  mœurs. 3ᵉ éd.   5 fr.

Liard.
Science positive et métaphysique.
  4ᵉ édit.   7 fr. 50
Descartes. 2ᵉ édit.   5 fr.

H. Lichtenberger.
Richard Wagner, poète et penseur.
  4ᵉ édit.   10 fr.
Henri Heine penseur.   3 fr. 75

Lombroso.
La femme criminelle et la prostituée
  1 vol. avec planches.   15 fr.
Le crime polit.et les révol. 2v. 13 f.
L'homme criminel. 3ᵉ édit. 2 vol.,
  avec atlas. 36 f.
Le crime. 2ᵉ éd. 10 f.

E. Lubac.
Système de psychol. rationn. 3 fr. 75

G. Luquet.
Idées générales de psychol.   5 fr.

G. Lyon.
L'idéalisme en Angleterre au xviiiᵉ
  siècle.   7 fr. 50
Enseignement et religion. 3 fr. 75

P. Malapert.
Les éléments du caractère. 2ᵉ éd. 5 fr.

Marion.
La solidarité morale. 6ᵉ édit. 5 fr.

Fr. Martin.
La perception extérieure et la
  science positive.   5 fr.

J. Maxwell.
Les phénomènes psych. 4ᵉ éd. 5 fr.

E. Meyerson.
Identité et réalité.   7 fr. 50

Max Muller.
Nouv. études de mythol.   12 fr. 50

Myers.
La personnalité humaine.2ᵉ éd. 7.50

E. Naville.
La logique de l'hypothèse. 2ᵉ éd. 5 fr.
La définition de la philosophie. 5 fr.
Les philosophies négatives.   5 fr.
Le libre arbitre. 2ᵉ édition. 5 fr.

J.-P. Nayrac.
L'attention.   3 fr. 75

Max Nordau.
Dégénérescence. 2v. 7ᵉ éd. 17 fr. 50
Les mensonges conventionnels de
  notre civilisation. 10ᵉ éd. 5 fr.
Vus du dehors.   5 fr.

Novicow.
Luttes entre soc. humaines.2ᵉ éd. 10 f.
Gaspillages des soc. mod. 2ᵉ éd. 5 fr.
Justice et expansion de la vie. 7 fr. 50

H. Oldenberg.
Le Bouddha. 2ᵉ éd.   7 fr. 50
La religion du Véda.   10 fr.

Ossip-Lourié.
La philosophie russe contemp. 5 fr.
Psychol. des romanciers russes au
  xixᵉ siècle.   7 fr. 50

Ouvré.
Form. littér. de la pensée grecq. 10 fr.

G. Palante.
Combat pour l'individu.   3 fr. 75

Fr. Paulhan.
Les caractères. 3ᵉ édition.   5 fr.
Les mensonges du caractère.   5 fr.
Le mensonge de l'art.   5 fr.

Payot.
L'éducation de la volonté. 31ᵉ éd. 5 fr.
La croyance. 2ᵉ éd.   5 fr.

Jean Pérès.
L'art et le réel.   3 fr. 75

Bernard Perez.
Les trois premières années de l'enfant. 5ᵉ édit. 5 fr.
L'enfant de 3 à 7 ans. 4ᵉ éd. 5 fr.
L'éd. mor. dès le berceau. 4ᵉ éd. 5 fr.
L'éd. intell. dès le berceau. 2ᵉ éd. 5 fr.

C. Piat.
La personne humaine. 7 fr. 50
Destinée de l'homme. 5 fr.

Picavet.
Les idéologues. 10 fr.

Piderit.
La mimique et la physiognomonie, avec 95 fig. 5 fr.

Pillon.
L'année philos. 19 vol., chacun. 5 fr.

J. Pioger.
La vie et la pensée. 5 fr.
La vie sociale, la morale et le progrès. 5 fr.

L. Prat.
Le caractère empirique et la personne. 7 fr. 50

Preyer.
Éléments de physiologie. 5 fr.

L. Proal.
Le crime et la peine. 3ᵉ éd. 10 fr.
La criminalité politique. 2ᵉ éd. 5 fr.
Le crime et le suicide passionnels. 10 fr.

G. Rageot.
Le succès. 3 fr. 75

F. Rauh.
De la méthode dans la psychologie des sentiments. 2ᵉ éd. 5 fr.
L'expérience morale. 3 fr. 75

Récéjac.
La connaissance mystique. 5 fr.

G. Renard.
La méthode scientifique de l'histoire littéraire. 10 fr.

Renouvier.
Les dilem. de la métaph. pure. 5 fr.
Hist. et solut. des problèmes métaphysiques. 7 fr. 50
Le personnalisme. 10 fr.
Critique de la doctrine de Kant. 7.50
Science de la morale. Nouvelle édit. 2 vol. 15 fr.

G. Revault d'Allonnes.
Psychologie d'une religion. 5 fr.
Les inclinations. 3 fr. 75

A. Rey.
La théorie de la physique chez les physiciens contemp. 7 fr. 50

Ribéry.
Classification des caractères. 3 fr. 75

Th. Ribot.
L'hérédité psycholog. 8ᵉ éd. 7 fr. 50
La psychologie anglaise contemporaine. 3ᵉ éd. 7 fr. 50
La psychologie allemande contemporaine. 6ᵉ éd. 7 fr. 50
La psych. des sentim. 7ᵉ éd. 7 fr. 50
L'évol. des idées générales. 2ᵉ éd. 5 fr.
L'imagination créatrice. 3ᵉ éd. 5 fr.
Logique des sentiments. 2ᵉ éd. 3 f. 75
Essai sur les passions. 2ᵉ éd. 3 fr. 75

Ricardou.
De l'idéal. 5 fr.

G. Richard.
L'idée d'évolution dans la nature et dans l'histoire. 7 fr. 50

H. Riemann.
Elém. de l'esthétiq. musicale. 5 fr.

E. Rignano.
Transmissibilité des caractères acquis. 5 fr.

A. Rivaud.
Essence et existence chez Spinoza. 7 fr. 50

E. de Roberty.
Ancienne et nouvelle philos. 7 fr. 50
La philosophie du siècle. 5 fr.
Nouveau programme de sociol. 5 fr.
Sociologie de l'action. 3 fr. 75

F. Roussel-Despierres.
Liberté et beauté. 7 fr. 50

Romanes.
L'évol. ment. chez l'homme. 7 fr. 50

Russell.
La philosophie de Leibniz. 3 fr. 75

Ruyssen.
Évolut. psychol. du jugement. 5 fr.

A. Sabatier.
Philosophie de l'effort. 2ᵉ éd. 7 fr. 50

Emile Saigey.
La physique de Voltaire. 5 fr.

G. Saint-Paul.
Le langage intérieur. 5 fr.

E. Sanz y Escartin.
L'individu et la réforme sociale. 7.50

Schopenhauer.
Aphorismes sur la sagesse dans la vie. 9ᵉ éd. 5 fr.
Le monde comme volonté et représentation. 5ᵉ éd. 3 vol. 22 fr. 50

Séailles.
Ess. sur le génie dans l'art. 2ᵉ éd. 5 fr.
Philosoph. de Renouvier. 7 fr. 50

Sighele.
La foule criminelle. 2ᵉ édit. 5 fr.

Sollier.
Psychologie de l'idiot et de l'imbécile. 2ᵉ éd. 5 fr.
Le problème de la mémoire. 3 fr. 75
Le mécanisme des émotions. 5 fr.

Souriau.

L'esthétique du mouvement. 5 fr.
La beauté rationnelle. 10 fr.

Spencer (Herbert).

Les premiers principes. 9ᵉ éd. 10 fr.
Principes de psychologie.2 vol. 20 fr.
Princip. de biologie. 5ᵉ éd. 2 v. 20 fr.
Princip. de sociol. 5 vol. 43 fr. 75
  I. *Données de la sociologie.* 10 fr. —
  II. *Inductions de la sociologie.
  Relations domestiques,* 7 fr. 50. —
  III. *Institutions cérémonielles et
  politiques.* 15 fr. — IV. *Institu-
  tions ecclésiastiques,* 3 fr. 75.
  — V. *Institutions profession-
  nelles,* 7 fr. 50.
Justice. 3ᵉ éd. 7 fr. 50
Rôle moral de la bienfaisance. 7.50
Morale des différents peuples. 7.50
Problèmes de morale et de socio-
  logie. 2ᵉ éd. 7 fr. 50
Essais sur le progrès. 5ᵉ éd. 7 fr. 50
Essais de politique. 4ᵉ éd. 7 fr. 50
Essais scientifiques. 3ᵉ éd. 7 fr. 50
De l'éducation. 13ᵉ édit. 5 fr.
Une autobiographie. 10 fr.

P. Stapfer.

Questions esthétiques et religieuses
  3 fr. 75

Stein.

La question sociale au point de
  vue philosophique. 10 fr.

Stuart Mill.

Mes mémoires. 5ᵉ éd. 5 fr.
Système de logique. 2 vol. 20 fr.
Essais sur la religion. 4ᵉ édit. 5 fr.
Lettres à Auguste Comte. 10 fr.

James Sully.

Le pessimisme. 2ᵉ éd. 7 fr. 50
Études sur l'enfance. 10 fr.
Essai sur le rire. 7 fr. 50

Sully Prudhomme.

La vraie religion selon Pascal. 7 f. 50

G. Tarde.

La logique sociale. 3ᵉ édit. 7 fr. 50
Les lois de l'imitation. 5ᵉ éd. 7 fr. 50
L'opposition universelle. 7 fr. 50
L'opinion et la foule. 2ᵉ édit. 5 fr.
Psychologie économique.2 vol. 15 fr.

Em. Tardieu.

L'ennui. 5 fr.

P.-Félix Thomas.

L'éducation des sentiments. 4ᵉ éd.
  5 fr
Pierre Leroux. Sa philosophie. 5 fr.

Et. Vacherot.

Essais de philosophie critique. 7 f. 50
La religion. 7 fr. 50

I. Waynbaum

La physionomie humaine. 5 fr.

L. Weber.

Vers le positivisme absolu par
  l'idéalisme. 7 fr. 50

REVUE PHILOSOPHIQUE
de la France et de l'Étranger

DIRIGÉE par **Th. RIBOT,**

Membre de l'Institut, Professeur honoraire au Collège de France.

34ᵉ année, 1909. — PARAIT TOUS LES MOIS.

Abonnement : Un an : Paris, **30** fr. ; Départ. et Étranger, **33** fr.
La livraison, **3** fr.

JOURNAL DE PSYCHOLOGIE
Normale et pathologique

DIRIGÉ PAR LES DOCTEURS

Pierre JANET et **G. DUMAS**

Professeur de psychologie au Collège · Chargé de cours à la Sorbonne.
  de France.

6ᵉ année, 1909. — PARAIT TOUS LES DEUX MOIS.

ABONNEMENT : Un an, du 1ᵉʳ janvier, **14** fr.
La livraison, **3** fr. **60.**

26 FÉLIX ALCAN, ÉDITEUR

ÉCONOMIE POLITIQUE — SCIENCE FINANCIÈRE

JOURNAL DES ÉCONOMISTES

REVUE MENSUELLE DE LA SCIENCE ÉCONOMIQUE ET DE LA STATISTIQUE

Fondé en 1841, par G. Guillaumin

Paraît le 15 de chaque mois

par fascicules grand in-8 de 10 à 12 feuilles (180 à 192 pages).

RÉDACTEUR EN CHEF : **M. G. DE MOLINARI**

Correspondant de l'Institut.

CONDITIONS DE L'ABONNEMENT :

France et Algérie : UN AN........ **36 fr.**; SIX MOIS....... **19 fr.**;
Union postale : UN AN........... **38 fr.**; SIX MOIS....... **20 fr.**
LE NUMÉRO................ **3 fr. 50**

Les abonnements partent de Janvier ou de Juillet.

NOUVEAU DICTIONNAIRE

D'ÉCONOMIE POLITIQUE

PUBLIÉ SOUS LA DIRECTION DE

M. LÉON SAY et de **M. JOSEPH CHAILLEY-BERT**

Deuxième édition.

2 vol. grand in-8 raisin et un Supplément : prix, brochés...... **60 fr.**
— — demi-reliure chagrin.................... **69 fr.**

COMPLÉTÉ PAR 3 TABLES : **Table des auteurs, table méthodique
et table analytique.**

Cet important ouvrage peut s'acquérir en envoyant un mandat-poste
de 20 fr., au reçu duquel est faite l'expédition du livre, et en payant le
reste, soit 40 fr., en quatre traites de 10 fr. chacune, de deux mois en
deux mois. (*Pour recevoir l'ouvrage relié ajouter 9 fr. au premier paiement.*)

DICTIONNAIRE DU COMMERCE

DE L'INDUSTRIE ET DE LA BANQUE

DIRECTEURS :

MM. Yves GUYOT et Arthur RAFFALOVICH

2 volumes grand in-8. Prix, brochés........................... **50 fr.**
— — reliés............................. **58 fr.**

Cet important ouvrage peut s'acquérir en envoyant un mandat-poste
de 10 fr., au reçu duquel est faite l'expédition du livre, et en payant le
reste, soit 40 fr., en quatre traites de 10 fr. chacune, de deux mois en
deux mois. (*Pour recevoir l'ouvrage relié ajouter 8 fr. au premier paiement.*)

COLLECTION DES PRINCIPAUX ÉCONOMISTES

Enrichie de commentaires, de notes explicatives et de notices historiques
(COLLECTION GUILLAUMIN.)

MÉLANGES (1re PARTIE)

David Hume. *Essai sur le commerce, le luxe, l'argent, les impôts, le crédit public, sur la balance du commerce, la jalousie commerciale, la population des nations anciennes.* — **V. de Forbonnais.** *Principes économiques.* — **Condillac.** *Le commerce et le gouvernement.* — **Condorcet.** *Lettres d'un laboureur de Picardie à M. N*** (Necker).* — *Réflexions sur l'esclavage des nègres.* — *Réflexions sur la justice criminelle.* — *De l'influence de la révolution d'Amérique sur l'Europe.* — *De l'impôt progressif.* — **Lavoisier.** *De la richesse territoriale du royaume de France.* — **Franklin.** *La science du bonhomme Richard et ses autres opuscules.* 1 vol. grand in-8. . . . . 10 fr.

MÉLANGES (2e PARTIE)

Necker. *Sur la législation et le commerce des grains.* — **L'abbé Galiani.** *Dialogues sur le commerce des blés avec la Réfutation de l'abbé* **Morellet.** — **Montyon.** *Quelle influence ont les diverses espèces d'impôts sur la moralité, l'activité et l'industrie des peuples?* — **Bentham.** *Défense de l'usure.* 1 vol. gr. in-8. 10 fr.

RICARDO

Œuvres complètes. Les œuvres de Ricardo se composent : 1° des **Principes de l'économie politique et de l'impôt.** — 2° Des ouvrages ci-après : *De la protection accordée à l'agriculture.* — *Plan pour l'établissement d'une banque nationale.* — *Essai sur l'influence du bas prix des blés sur les profits du capital.* — *Proposition pour l'établissement d'une circulation monétaire économique et sûre.* — *Le haut prix des lingots est une preuve de la dépréciation des billets de banque.* — *Essai sur les emprunts publics,* avec des notes. 1 vol. in-8. . . . . 10 fr.

J.-B. SAY

Cours complet d'économie politique pratique. 2 vol. grand in-8. 20 fr.

J.-B. SAY

Œuvres diverses : *Catéchisme d'économie politique.* — *Lettres à Malthus et correspondance générale.* — *Olbie.* — *Petit volume.* — *Fragments et opuscules inédits.* 1 vol. grand in-8. . . . . 10 fr.

ADAM SMITH

Recherches sur la nature et les causes de la richesse des nations, traduction de G. GARNIER. 5e édition, augmentée. 2 vol. in-8. . . 10 fr.

COLLECTION DES ÉCONOMISTES
ET PUBLICISTES CONTEMPORAINS
FORMAT in-8.

VOLUMES RÉCEMMENT PUBLIÉS :

ANTOINE (Ch.). Cours d'économie sociale. 4ᵉ édition, revue et augmentée. 1 vol. in-8. . . . . 9 fr.

ARNAUNÉ (Aug.), ancien directeur de la Monnaie, conseiller maître à la Cour des comptes. La monnaie, le crédit et le change. 1 vol. in-8. 4ᵉ édition, revue et augmentée. . . . . 8 fr.

COLSON (C.), ingénieur en chef des ponts et chaussées. Cours d'économie politique, professé à l'École nationale des ponts et chaussées. 6 vol. grand in-8. . . . . 36 fr.
   Livre I. — *Théorie générale des phénomènes économiques.* 2ᵉ édition revue et augmentée. . . . . 6 fr.
   — II. — *Le travail et les questions ouvrières.* 3ᵉ tirage. . . 6 fr.
   — III. — *La propriété des biens corporels et incorporels.* 2ᵉ tir⁹. 6 fr.
   — IV. — *Les entreprises, le commerce et la circulation.* 2ᵉ tir⁹. 6 fr.
   — V. — *Les finances publiques et le budget de la France.* . 6 fr.
   — VI. — *Les travaux publics et les transports.* . . . . . . 6 fr.
— SUPPLÉMENT ANNUEL (1909) au *Livre du Cours d'Économie politique.* broch. in-8 . . . . » fr. 75

COURCELLE-SENEUIL, de l'Institut. Traité théorique et pratique des opérations de banque. *Dixième édition, revue et mise à jour,* par A. LIESSE, professeur au Conservatoire des arts et métiers. 1 vol. in-8. . . . . 9 fr.

EICHTHAL (Eugène d'), de l'Institut. La formation des richesses et ses conditions sociales actuelles, *notes d'économie politique.* . . . 7 fr. 50

LEROY-BEAULIEU (P.), de l'Institut. Le collectivisme, *examen critique du nouveau socialisme. — L'Évolution du Socialisme depuis 1895. — Le syndicalisme.* 5ᵉ édit., revue et augmentée 1 v. in-8. . . . . 9 fr.
— De la colonisation chez les peuples modernes. 6ᵉ édition. 2 vol. in-8 . . . . 20 fr.

MARTIN-SAINT-LÉON (E.), conservateur de la bibliothèque du Musée Social. Histoire des corporations de métiers, *depuis leurs origines jusqu'à leur suppression en 1791,* suivie d'une étude sur l'*Évolution de l'Idée corporative de 1791 à nos jours* et sur le *Mouvement syndical contemporain.* Deuxième édition, revue et mise au courant. 1 fort vol. in-8. (*Couronné par l'Académie française*) . . . . 10 fr.

NOVICOW (J.). Le problème de la misère et les phénomènes économiques naturels. 1 vol. in-8. . . . . 7 fr. 50

STOURM (R.), de l'Institut, professeur à l'École libre des sciences politiques. *Cours de finances.* Le budget, son histoire et son mécanisme. 6ᵉ édition. 1 vol. in-8. . . . . 10 fr.

BANFIELD, Professeur à l'Université de Cambridge. Organisation de l'industrie, traduit sur la 2ᵉ édition, et annoté par M. EMILE THOMAS. 1 vol. in-8. . . . . 6 fr.

BAUDRILLART (H.), de l'Institut. Philosophie de l'économie politique. Des rapports de l'économie politique et de la morale. Deuxième édition, revue et augmentée. 1 vol. in-8. . . . . 9 fr.

BLANQUI, de l'Institut. Histoire de l'économie politique en Europe, *depuis les Anciens jusqu'à nos jours,* 5ᵉ édition. 1 vol. in-8. . . 8 fr.

BLOCK (M.), de l'Institut. Les progrès de la science économique depuis ADAM SMITH. 2ᵉ édit. augmentée. 2 vol. in-8 . . . . 16 fr.

BLUNTSCHLI. Le droit international codifié. Traduit de l'allemand par M. C. LARDY. 5ᵉ édition, revue et augmentée. 1 vol. in-8. . . . 10 fr.
— Théorie générale de l'État, traduit de l'allemand par M. DE RIEDMATTEN. 3ᵉ édition. 1 vol. in-8. . . . . 9 fr.

COURCELLE-SENEUIL, de l'Institut. **Traité théorique et pratique d'économie politique.** 3ᵉ édition, revue et corrigée. 2 vol. in-18. 7 fr.

COURTOIS (A.). Histoire des banques en France. 2ᵉ édition. 1 vol. in-8 . . . . 8 fr. 50

FAUCHER (L.), de l'Institut. **Études sur l'Angleterre.** 2ᵉ édition augmentée. 2 forts volumes in-8 . . . . 6 fr.

FIX (Th.). Observations sur l'état des classes ouvrières. Nouvelle édition. 1 vol. in-8 . . . . 5 fr.

GROTIUS. Le droit de la guerre et de la paix. Nouvelle traduction. 3 vol. in-8 . . . . 12 fr. 50

HAUTEFEUILLE. Des droits et des devoirs des nations neutres en temps de guerre maritime. 3ᵉ édit. refondue. 3 forts vol. in-8. 22 fr. 50
— **Histoire des origines, des progrès et des variations du droit maritime international.** 2ᵉ édition. 1 vol. in-8 . . . . 7 fr. 50

LEROY-BEAULIEU (P.), de l'Institut. **Traité théorique et pratique d'économie politique.** 4ᵉ édition. 4 vol. in-8 . . . . 36 fr.
— **Traité de la science des finances.** 7ᵉ édition, revue, corrigée et augmentée. 2 forts vol. in-8 . . . . 25 fr.
— **Essai sur la répartition des richesses** et sur la tendance à une moindre inégalité des conditions. 3ᵉ édit., revue et corrigée. 1 vol. in-8. 9 fr.
— **L'État moderne et ses fonctions.** 3ᵉ édition. 1 vol. in-8. . . . 9 fr.

LIESSE (A.), professeur au Conservatoire national des arts et métiers. **Le travail** *aux points de vue scientifique, industriel et social.* 1 vol. in-8 . . . . 7 fr. 50

MORLEY (John). La vie de Richard Cobden, traduit par Sophie Raffalovich. 1 vol. in-8 . . . . 8 fr.

NEYMARCK (A.). Finances contemporaines. — Tome I. *Trente années financières, 1872-1901.* 1 vol. in-8, 7 fr. 50. — Tome II. *Les budgets, 1872-1903.* 1 vol. in-8, 7 fr. 50. — Tome III. *Questions économiques et financières, 1872-1904.* 1 vol. in-8, 10 fr. — Tomes IV-V : *L'obsession fiscale, questions fiscales, propositions et projets relatifs aux impôts depuis 1871 jusqu'à nos jours.* 2 vol. in-8 (1907) . . . . 15 fr.

PASSY (H.), de l'Institut. **Des formes de gouvernement et des lois qui les régissent.** 2ᵉ édition. 1 vol. in-8 . . . . 7 fr. 50

PAUL-BONCOUR. Le fédéralisme économique et le syndicalisme obligatoire, préface de Waldeck-Rousseau. 1 vol. in-8. 2ᵉ édit . . 6 fr.

PRADIER-FODÉRÉ. Précis de droit administratif. 7ᵉ édition, tenue au courant de la législation. 1 fort vol. in-8 . . . . 10 fr.

RAFFALOVICH (A.). Le marché financier. France, Angleterre, Allemagne, Russie, Autriche, Japon, Suisse, Italie, Espagne, États-Unis. Questions monétaires. Métaux précieux. Années 1894-1895. 1 vol. 7 fr. 50 ; 1895-1896. 1 vol. 7 fr. 50 ; 1896-1897. 1 vol. 7 fr. 50 ; 1897-1898 à 1901-1902, chacune 1 vol. 10 fr. ; 1902-1903 à 1907-1908, chacune 1 vol. . 12 fr.

RICHARD (A.). L'organisation collective du travail, essai sur la coopération de main-d'œuvre, le contrat collectif et la sous-entreprise ouvrière, préface par Yves Guyot. 1 vol. grand in-8 . . . . 6 fr.

ROSSI (P.), de l'Institut. **Cours d'économie politique,** revu et augmenté de leçons inédites. 5ᵉ édition. 4 vol. in-8 . . . . 15 fr.
— **Cours de droit constitutionnel,** *professé à la Faculté de droit de Paris,* recueilli par M. A. Porée. 2ᵉ édition. 4 vol. in-8 . . . . . . 15 fr.

STOURM (R.), de l'Institut. **Les systèmes généraux d'impôts.** 2ᵉ édition revisée et mise au courant. 1 vol. in-8 . . . . 9 fr.

VIGNES (Édouard). Traité des impôts en France. 4ᵉ édition, mise au courant de la législation, par M. Vergniaud. 2 vol. in-8 . . . . 16 fr.

BIBLIOTHÈQUE DES SCIENCES MORALES ET POLITIQUES

FORMAT IN-18 JÉSUS.

Volumes récemment publiés.

AUGUY (M.). **Les systèmes socialistes d'échange.** Avant-propos de M. A. DESCHAMPS, professeur à la Faculté de Droit de Paris. 1 volume in-16. . . . . 3 fr. 50

CHALLAYE. **Syndicalisme révolutionnaire et syndicalisme réformiste.** 1 vol. in-16. . . . . 2 fr. 50

DOLLÉANS. **Robert Owen (1771-1858).** Avant-propos de M. E. FAGUET, de l'Académie française. 1 vol. in-18, avec gravures. . . . . 3 fr. 50

EICHTHAL (E. d'), de l'Institut. **La liberté individuelle du travail et les menaces du législateur.** 1 vol. in-16. . . . . 2 fr. 50

Forces productives de la France (Les). Conférences organisées par la Société des anciens élèves de l'École libre des sciences politiques, par MM. P. BAUDIN, P. LEROY-BAULIEU, MILLERAND, ROUME, J. THIERRY, E. ALLIX, J.-C. CHARPENTIER, H. DE PEYERIMHOFF, P. DE ROUSIERS, D. ZOLLA. 1 vol. in-16. . . . . 3 fr. 50

GAUTHIER (A.-E.), sénateur, ancien ministre. **La réforme fiscale par l'impôt sur le revenu.** 1 vol. in-18. . . . . 3 fr. 50

LIESSE, professeur au Conservatoire des arts et métiers. **La statistique, ses difficultés, ses procédés, ses résultats.** 1 vol. in-18. . . 2 fr. 50

— **Portraits de financiers.** OUVRARD, MOLLIEN, GAUDIN, BARON LOUIS, CORVETTO, LAFFITE, DE VILLÈLE. 1 vol. in-18. . . . . 3 fr. 50

MARGUERY (E.). **Le droit de propriété et le régime démocratique.** 1 vol. in-18. . . . . 2 fr. 50

MERLIN (R.), biblioth. archiviste du Musée social. **Le contrat de travail, les salaires, la participation aux bénéfices.** 1 v. in-18. . . . 2 fr. 50

MILHAUD (Mlle Caroline). **L'ouvrière en France, sa** *condition présente,* *réformes nécessaires.* 1 vol. in-18. . . . . 2 fr. 50

MILHAUD (Edg.), professeur d'économie politique à l'Université de Genève. **L'imposition de la rente.** *Les engagements de l'État, les intérêts du crédit public, l'égalité devant l'impôt.* 1 vol. in-16. . 3 fr. 50

MOLINARI (G. de), correspondant de l'Institut, rédacteur en chef du *Journal des Économistes.* **Théorie de l'Évolution.** *Économie de l'histoire.* 1 vol. in-16. . . . . 3 fr. 50

PIC (P.), professeur de législation industrielle à l'Université de Lyon. **La protection légale des travailleurs et le droit international ouvrier.** 1 vol. in-16 . . . . 2 fr. 50

BASTIAT (Frédéric). **Œuvres complètes,** précédées d'une *Notice* sur sa vie et ses écrits. 7 vol. in-18. . . . . 24 fr. 50

I. *Correspondance.* — *Premiers écrits.* 3ᵉ édition, 3 fr. 50; — II. Le *Libre-Echange.* 3ᵉ édition, 3 fr. 50; — III. *Cobden et la Ligue.* 4ᵉ édition, 2 fr. 50; — IV et V. *Sophismes économiques.* — *Petits pamphlets.* 6ᵉ édit. 2 vol., 7 fr.; — VI. *Harmonies économiques.* 9ᵉ édition, 3 fr. 50; — VII. *Essais.* — *Ébauches.* — *Correspondance.* . . . . . . 3 fr. 50
Les tomes IV et V seuls ne se vendent que réunis.

CIESZKOWSKI (A.). **Du crédit et de la circulation.** 3ᵉ édit. in-18. 3 fr. 50

COURCELLE-SÉNEUIL (J.-G.). **Traité théorique et pratique d'économie politique.** 3ᵉ édit. 2 vol. in-18. . . . . 7 fr.

— **La société moderne.** 1 vol. in-18. . . . . 5 fr.

FREEMAN (E.-A.). **Le développement de la constitution anglaise,** depuis les temps les plus reculés jusqu'à nos jours. 1 vol. in-18. . . 3 fr. 50

LAVERGNE (L. de), de l'Institut. **Économie rurale de la France depuis 1789.** 4ᵉ édition, revue et augmentée. 1 vol. in-18. . . . . . . 3 fr. 50

— **L'agriculture et la population.** 2ᵉ édition. 1 vol. in-18. . . . 3 fr. 50

MOLINARI (G. de), correspondant de l'Institut, rédacteur en chef du *Journal des Économistes.* **Questions économiques à l'ordre du jour.** 1 vol. in-18. . . . . 3 fr. 50

— **Les problèmes du XXᵉ siècle.** 1 vol. in-18. . . . . 3 fr. 50

STUART MILL (J.). **Le gouvernement représentatif.** Traduction et *Introduction,* par M. DUPONT-WHITE. 3ᵉ édition. 1 vol. in-18. 4 fr.

FÉLIX ALCAN, éditeur, 108, boulevard Saint-Germain, Paris (6e)

NOUVELLE
COLLECTION SCIENTIFIQUE

Directeur, ÉMILE BOREL

VOLUMES IN-16 A 3 FR. 50 L'UN.

Éléments de philosophie biologique, par F. Le Dantec, chargé du cours de biologie générale à la Sorbonne. 1 vol. in-16. 2e édition . . . . 3 fr. 50
La voix. *Sa culture physiologique. Théorie nouvelle de la phonation*, par le Dr P. Bonnier, laryngologiste de la clinique médicale de l'Hôtel-Dieu. 2e édition. 1 vol. in-16 . . . . 3 fr. 50
De la méthode dans les sciences :
    1. *Avant-propos.* par M. P.-F. Thomas, docteur ès lettres, professeur de philosophie au lycée Hoche. — 2. *De la science*, par M. Émile Picard, de l'Institut. — 3. *Mathématiques pures*, par M. J. Tannery, de l'Institut. — 4. *Mathématiques appliquées*, par M. Painlevé, de l'Institut. — 5. *Physique générale*, par M. Bouasse, professeur à la Faculté des Sciences de Toulouse. — 6. *Chimie*, par M. Job, professeur au Conservatoire des Arts et métiers. — 7. *Morphologie générale*, par A. Giard, de l'Institut. — 8. *Physiologie*, par M. Le Dantec, chargé de cours à la Sorbonne. — 9. *Sciences médicales*, par M. Pierre Delbet, professeur à la Faculté de médecine de Paris. — 10. *Psychologie*, par M. Th. Ribot, de l'Institut. — 11. *Sciences sociales*, par M. Durkheim, professeur à la Sorbonne. — 12. *Morale*, par M. Lévy-Bruhl, professeur à la Sorbonne. — 13. *Histoire*, par M. G. Monod, de l'Institut. 2e édition. 1 vol. in-16 . . . . 3 fr. 50
L'éducation dans la famille. *Les péchés des parents*, par P.-F. Thomas, professeur au lycée de Versailles. 2e édit.1 vol. in-16. (*Couronné par l'Institut*). . 3 fr. 50
La crise du transformisme, par F. Le Dantec. 1 vol. in-16. . . . . . . 3 fr. 50
L'énergie, par le Prof. Dr Ostwald, trad. de l'alld par E. Philippi. 1 vol. in-16. 3 fr. 50

LA REVUE DU MOIS

DIRECTEUR : ÉMILE BOREL

**Paraît le 10 de chaque mois depuis le 10 Janvier 1906
par livraisons de 128 pages grand in-8o (25 × 16)
Chaque année forme deux volumes de 750 à 800 pages chacun**

La Revue du Mois, qui entre en janvier 1910 dans sa cinquième année, suit avec attention dans toutes les parties du savoir le mouvement des idées. Rédigée par des spécialistes éminents, elle a pour objet de tenir sérieusement au courant tous les esprits cultivés. Dans des articles de fond assez nombreux et variés, elle dégage les résultats les plus généraux et les plus intéressants de chaque ordre de recherches, ceux qu'on ne peut ni ne doit ignorer. Dans des notes plus courtes, elle fait place aux discussions, elle signale et critique les articles de Revues, les livres qui méritent intérêt.

PRIX DE L'ABONNEMENT

Un an, Paris. 20 francs. — Départements. 22 francs. — Union postale. 25 francs.
Six mois, — 10 francs. — . 11 francs. — — . 12 fr. 50
Prix de la livraison : 2 fr. 25

1221-09. — Coulommiers. Imp. Paul BRODARD. 10-09.

www.ingramcontent.com/pod-product-compliance
Ingram Content Group UK Ltd.
Pitfield, Milton Keynes, MK11 3LW, UK
UKHW022327090726
13658UKWH00001B/130